汽水域に生きる巻貝たち

その生態研究史と保全

和田恵次 著

東海大学出版部

**Ecology of brackish-water gastropods and conservation
of estuarine environment**

Keiji WADA
Tokai University Press, 2018
Printed in Japan
ISBN978-4-486-02167-4

スガイ *Lunella coreensis* と殻上につく緑
藻カイゴロモ *Cladophora conchopheria*

アマガイ
Nerita japonica

シマカノコ
Neritina turrita

ヒロクチカノコ
Neripteron pileolus

イシマキガイ
Clithon retropictum

ミヤコドリ
Phenacolepas pulchella

コゲツノブエ
Cerithium coralium

ウミニナ *Batillaria multiformis* の集団

ホソウミニナ
Batillaria attramentaria

タケノコカワニナ
Stenomelania crenulata

フトヘナタリ
Cerithidea moerchii

フトヘナタリ *Cerithidea moerchii*
交尾集団

シマヘナタリ
Cerithidea tonkiniana

クロヘナタリ
Cerithideopsis largillierti

ヘナタリ
Pirenella nipponica

カワアイ
Pirenella pupiformis

センニンガイ
Telescopium telescopium

マングローブの葉をかじる
キバウミニナ *Terebralia palustris*

ヌマチタマキビ
Littoraria irrorata

イロタマキビ
Littoraria pallescens

マルウズラタマキビ *Littoraria sinensis* の
集塊

ワカウラツボ
Wakauraia sakaguchii

クリイロカワザンショウ
Angustassiminea castanea

カワザンショウ
Assiminea japonica

ツメタガイ
Glossaulax didyma

アラムシロ
Nassarius festivus

ドロアワモチ科 Onchidiidae の 1 種

ドロアワモチ
Onchidium cf. *hongkongense*

オカミミガイ
Ellobium chinense

ナギサノシタタリ
Microtralia acteocinoides

サルボオ
Anadara kagoshimensis

ソトオリガイ
Laternula marilina

ヤマトシジミ
Corbicula japonica

シオヤガイ
Anomalocardia squamosa

カガミガイ
Phacosoma japonicum

ハマグリ
Meretrix lusoria

オキシジミ
Cyclina sinensis

ユウシオガイ
Moerella rutila

サビシラトリ
Macoma contabulata

ハザクラ
Gari minor

オチバガイ
Psammontaena virescens

イソシジミ
Nuttallia japonica

マテガイ
Solen strictus

シオフキ
Mactra veneriformis

クチバガイ
Coecella chinensis

アナジャコ *Upogebia major* の胸部に付着共生する
マゴコロガイ *Peregrinamor oshimai*

序 章

　河川の河口域，内湾，潟湖，フィヨルドといった沿岸地形には，海水と淡水が入り混じる汽水域が成立している．そこは淡水の流入と，潮汐・波浪による海水の流入により，水塊中の塩分濃度といった水環境が大きく変動するところである．一方，その流域部にはヒト社会が集中することが多く，汽水域は，人間の社会活動の影響を最も受けやすいところとなっている．このように大きい環境変動と人間社会からの環境負荷を強く受けている汽水域には，その環境特性に適応した固有の生物が生息している．

　軟体動物腹足類，いわゆる巻貝には，汽水域に好んで生息している種が多い．干潟に群棲するウミニナやホソウミニナ，ヨシ原にちらばるカワザンショウ類，淡水域との境目に生息するイシマキガイやタケノコカワニナなどである．これら汽水性の巻貝の生態に関しては，これまでまとまった解説書はほとんどなかった．生態学的研究も，海産の種に比べても報告例は多くない．しかし最近，これらの汽水性の貝類の多くが，日本各地で減少や絶滅の危機にあることが知られるようになった（和田ほか，1996：日本ベントス学会，2012）．稀少性が高くなったこれら汽水性の貝類を保全する上で，その生態学的知見は極めて重要である．どのようなすみ場所を好み，どのようにして繁殖するのか，そして成長してからどのような死に方をするのかという基本情報があってこそ，その保全の方策が立てられるのである．海洋ベントスの生物量からみても，甲殻類や多毛類に劣らず大きい値を示す巻貝類でありながら，汽水域に生息するかれらの生態学的研究は，日本では，カニ類などと比べると遅れの感が否めなかった．

　私は干潟のカニ類の生態学的研究を進めてきたが，その途上，カニ類とともに干潟に数多く生息している巻貝の生態を調べてみたいと思うよ

うになっていた．それは，巻貝類は，同じ軟体動物の二枚貝類とは違い，カニ類と同じように，より陸域環境にまでその生活圏を伸ばしているからである．最初の対象種は，干潟上に群棲するウミニナ類で，これを指導学生の研究テーマとして学生と一緒に追いかけてみた．そしてそれがきっかけとなってスガイ，フトヘナタリ，ワカウラツボ，カワザンショウ類，タケノコカワニナ，イシマキガイ，コゲツノブエといった種を学生たちと渡り歩いてきた．

　本書ではその研究成果をまとめて紹介し，これら汽水性の巻貝のもっている生態的特徴を描出させてみたい．また自身の研究だけでなく，汽水性の巻貝でこれまで行われてきた研究成果も，国内外を含め紹介する．さらにこれらの研究成果を基に，人為的改変にさらされやすい汽水域の生物の保全についても言及したい．

目次

第 1 章

汽水域の環境と生物 ── 既往の情報

汽水域の環境特性と生物分布

　汽水域は，海水と淡水が混じりあうところであるが，完全に混じりあうことはほとんどなく，比重の重い海水が比重の低い淡水の下側に食いこむような特徴を示す（図1-1）．海水が淡水の下に入った構造を塩水くさびと呼んでいる．しかし，個々の場所や時期による違いに応じた水理的構造により，このくさびは顕著に伸びるものから，伸長が小さいものまで存在する（図1-1）．しかし，いずれの場合であっても汽水域の水塊は，表層部は塩分濃度が低く下層部は塩分濃度が高いといった特徴を示す．

　海水と淡水の混じりあいは，一方で水中懸濁物の沈積をつくり出す．すなわち，フロック化と称される現象で，淡水河川から輸送されてきたコロイド粒子が海水と混じることで，電気的に中和され凝集，沈積が促進される．結果，汽水域では泥の堆積が進むことになる．

　汽水域では，塩水が海水レベルから淡水まで変化し，しかもその変動は時間的にも大きいため，塩分の浸透圧変動に耐えうる生物しか生息できない．実際，河川河口域において塩分濃度勾配に伴った生物の分布をみてみると，汽水域を主な生息場所にしている種というのは，海洋性の種や淡水性の種に比べて少なくなってしまう（図1-2）（Remane & Schlieper, 1971）．日本の河川河口域における代表的なベントスの分布を塩分濃度勾配に応じてまとめられたものをみると，汽水域を主な生息場所にもつものは，二枚貝ではヤマトシジミ *Corbicula japonica*，腹足類ではフトヘナタリ *Cerithidea moerchii*，カワザンショウ *Assiminea japonica*，タケノコカワニナ *Stenomelania crenulata*，多毛類ではイトメ *Tylorrhynchus osawai*，ゴカイ（正確にはカワゴカイ属 *Hediste* spp），十脚甲殻類ではチゴガニ *Ilyoplax pusilla*，アシハラガニ *Helice tridens*，ベンケイガニ *Sesarmops intemedius* といった種が上げられている（菊池，1976）．

　汽水域は，海水環境と淡水環境を回遊する生物種の重要な通過場所でもある．このような生物はその回遊様式に基づいて大きく3つに分類されている．生活の大部分は海域ですごし，産卵時に川を遡上するサケ

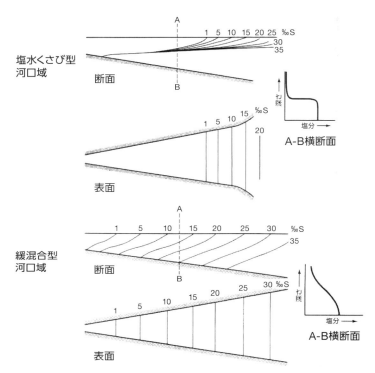

図 1-1　河口域における塩分勾配. 塩水くさびが顕著な場合 (上) とそうでない場合 (下) に分けて示した (Barnes, R.S.K. (1974) Estuarine Biology, Edward Arnold)

Onchorhynchus keta, シロウオ *Leucopsarion petersi* などは遡河回遊とされ, 反対に普段は川で生活しているが, 海や汽水域で産卵し, 仔が川を遡る ニホンウナギ *Anguilla japonica*, モクズガニ *Eriocheir japonica*, そして 有明海特産魚のヤマノカミ *Trachidermus fasciatus* などは降河回遊とさ れる. 最近この汽水域に存在する干潟が, 川を遡るニホンウナギの重要 な餌獲得の場になっていることが明らかになっている (Kan et al., 2016). 産卵を含め生活の多くを淡水域ですごし, 生活史の一部を海域・汽水域 ですごすものは両側回遊と称され, アユ *Plecoglossus altivelis altivelis*, カジカ *Cottus pollux*, テナガエビ類 *Macrobrachium* spp, イシマキガイ

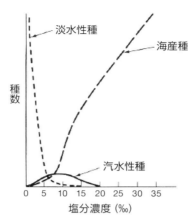

図 1-2　塩分濃度に伴った生物種の種数変化．淡水性種や海産種に比べて汽水性種は
その種数が少ない（Barnes, R.S.K.（1974）Estuarine Biology, Edward Arnold）

Clithon retropictum などがいる．海域でも淡水域でもない汽水域内で生
活史を全うしている魚類もある．さらに両側回遊性であって，産卵は淡
水域ではなく汽水域の上流部だけで行われる魚種がいる．それは，有明
海に流入する河川汽水域に限って分布しているエツ *Coilia nasus* やアリ
アケヒメシラウオ *Neosalanx reganius* である．

　汽水域の流域環境をつくる陸上植物の存在は重要である．温帯域では
草本植物のヨシ *Phragmites australis* やハマサジ *Limonium tetragonum*
を中心とした塩性湿地が拡がるのに対し，熱帯・亜熱帯では，木本植物
のマングローブ（ヒルギダマシ *Avicennia marina*，オヒルギ *Bruguiera
gymnorrhiza*，メヒルギ *Kandelia obovata* など）が林立したマングロー
ブ湿地が拡がる．これらの植物は，塩分を含む水にさらされるため，他
の陸上植物と違って塩分耐性を具えもっている．一方，水面下で繁茂す
る顕花植物もある．アマモ *Zostera marina* やコアマモ *Zostera japonica*
である．さらに海藻類としてアヤギヌ *Caloglossa continua*（紅藻）やス
ジアオノリ *Ulva prolifera*（緑藻）が汽水域に適応した種である．

　汽水域のベントスの種数・個体数の年変動とそれを駆動する要因を明

らかにした研究を紹介しておく．オーストラリア東岸の亜熱帯域の河口域で7年間にわたって潮間帯から潮下帯までの30地点でのベントス定量採集からまとめられたものである（Currie & Small, 2005）．調査域は，その流程において河口部から約30 kmに及ぶ．全調査から得られたベントス種は409種，35421個体に及び，このうち数的に優占した分類群は二枚貝を中心とした軟体動物であった．調査期間中，ベントスの種数・個体数はいったん減少し，再び回復するという傾向を示した．このベントスの年変動と比較的よく対応していたのが，雨量，川の流量，河川水の濁度，河川水のクロロフィル濃度であった．そしてベントスの年変動と最も強く相関性を示したのは，4か月前の河川水の濁度であったとしている．雨が多くなって河川の流量が増えると濁度も上がり，植物プランクトンも増えてベントスの生産量も上がると言える．この研究からは，汽水域のベントスは河川水の動態に強く依存していることがわかるのである．

北欧の *Hydrobia* 属

　汽水性の巻貝で生態学的研究が最もよく行われてきた種は，北欧の汽水域に多産するミズツボ属 *Hydrobia* の種である．本属はクビキレガイ上科 Truncatelloidea のミズツボ科 Hydrobiidae に属すもので，日本には分布していない．本属の種で明らかにされてきたたくさんの生態学的知見から代表的なものをまとめてみよう．

　生態学の教科書でこの汽水性の貝がよく取り上げられのが，形質置換（character displacement）と呼ばれる現象の例としてである．これは，競争関係にある2種の生物が，共存するところでは，それぞれ単独でいるところに比べて，形質上の類似度が低下するというもので，類似度の低下は，互いの競争の回避に寄与しており，これにより共存域が成立できている理解される．*Hydrobia ulvae* と *Hydrobia ventrosa*（図1-3）の間には，それぞれ単独生息域では殻長はほとんど同じなのに，混生域では前者が大型化，後者が小型化して互いに殻長の重複が少なくなる（図1-4）

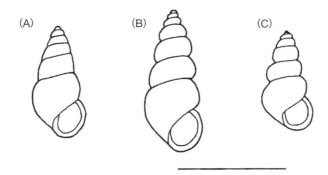

図 1-3　*Hydrobia ulvae* の 2 型 （A）（B）と *Hydrobia ventrosa*（C）（Barnes, R.S.K. (1988) Journal of Marine Biological Association of the United Kingdom, 68）

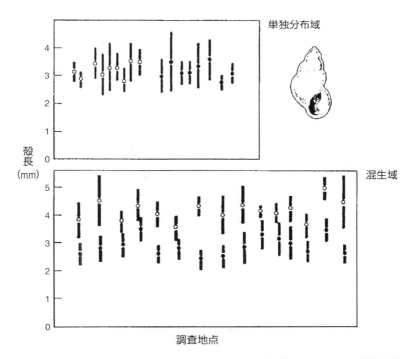

図 1-4　*Hydrobia ulave*（白丸）と *Hydrobia ventrosa*（黒丸）のそれぞれの単独生息域（上図）と混生域（下図）での平均殻長．縦棒は標準偏差を示す（Fenchel, T. (1975) Oecologia, 20）

(Fenchel, 1975)．これは形質置換の典型例とされる．この2種の体サイズの，単生域と混生域との間での違いについては，両種の成長率が単生域と混生域で異なるためであることが，Gorbushin（1996）により示された．野外の干潟にケージを設置し，そこに *Hydrobia ulvae* か *Hydrobia ventrosa* のいずれかだけを入れたものと，両種を一緒に入れたものとでそれぞれの個体の成長量を比較したのである．結果は，種内競争と種間競争の影響の度合いが2種の間で異なっていたというものであった．すなわち，*Hydrobia ventrosa* は，*Hydrobia ulvae* と混生すると，単独でいるときよりも成長率が低下するのに対し，*Hydrobia ulvae* は，*Hydrobia ventrosa* と混生すると，単独でいるものよりも成長率が高くなった．

　海洋生態学の教科書の中で，潮汐周期に伴って生活型の変化を示す生物の例として取り上げられるのが *Hydrobia ulvae* である（Newell, 1962）．本種は底生生活と浮遊生活を併用して生息位置を維持している．具体的には，引き潮時には干上がった干潟上を下方に向かって這いながら干潟表層の餌を摂り，最干潮時には干潟内層に潜って休止し，満ち潮時には水面直下に粘液いかだを使って浮遊し，満ち潮に乗って上方に移動する．そして最満潮時には水底に落下して再び底生生活に入るのである（図1-5）．貝殻をもった巻貝でありながら，水面下に浮くことができるのは，生息圏が，波浪の影響がほとんどない汽水域だからである．

　Newell（1962）の観察は基本的には実験室内で，それに基づいて野外での活動性を推論していたのであるが，実際に野外で浮遊することが定量的にも調べられてきた．Anderson（1971）は，イギリスの Ythan Estuary で，産卵活動の季節変化とともに，浮遊貝の頻度と浮遊のきっかけとなる干潟上構造物への乗り上げ行動の季節変化をみている．明らかに繁殖期の春から秋までの期間に乗り上げ行動が増え，それに合うように浮遊する貝も多くなっていた．Little & Nix（1976）は，イギリスの様々な沿岸域で *Hydrobia ulvae* の浮遊個体の割合を調べたところ，その割合はほとんどで0.5%を下回る極めて低い値であることを示している．また浮遊個体は殻長がせいぜい2.5 mm未満の小型個体（個体群中の最大サイズは殻長約5 mm）に限定されることも明らかにしている．また *Hydrobia*

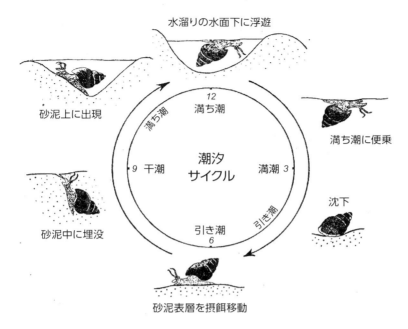

図1-5 *Hydrobia ulvae* の潮汐周期に伴う行動の変化（Newell, R.（1962）Proceeding of Zoological Society of London, 138）

ventrosa の浮遊行動については，Levinton（1979）が，密度の増加に伴って浮遊頻度が上がることを観察し，浮遊するのは，密度による個体間の軋轢回避の意義があるとしている．

　Hydrobia ulvae の生活史については，多くの地域個体群での観察例がある（Chatfield, 1972；Fish & Fish, 1974；Barnes, 1988, 1990；Sola, 1996；Haubois et al., 2002）．それによると本種の繁殖期は年に2回あり，ひとつは春期で，もうひとつは夏から秋にかけてである．本種の産卵活動は卵塊を同種他個体の殻上につける場合が多いという興味深い特徴が示されている．寿命は2年から2年半であるが，生息場所によって体サイズ組成に違いが認められ，砂質や海寄りの個体群は，泥質の塩性湿地やラグーン内の個体群よりも小型化する（図1-3）という特徴がある．これ

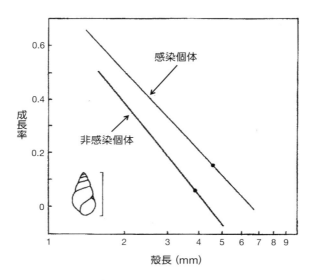

図1-6 *Hydrobia ulvae* の寄生虫に感染した個体と感染していない個体における殻長に対する成長率の違い（Mouritsen, K.N. & Jensen, K.T.（1994）Joural of Experimental Marine Biology and Ecology, 181）

は成長率と寿命の違いに由来するところとされている．また Chatfield（1972）は，繁殖活動として興味深い現象を記録している．雄と雌がペアーになって水面下に浮遊するというもので，交尾中のものもあったとしている．水面下に浮遊してつがうというのは巻貝では他に例がないのではないだろうか．

　温度や塩分濃度が個体の活動に与える影響についても *Hydrobia ulvae* を中心に調べられている（Newell, 1964；Hylleberg, 1975；Lassen & Kristensen, 1978；Orvain & Sauriau, 2002；Barnes, 2006）．Lassen & Clark（1979）は，*Hydrobia neglecta*，*Hydrobia ulvae*，*Hydrobia ventrosa* の3種について，塩分濃度が産卵活動に与える影響を調べているが，それによると3種とも 5, 10, 20, 30‰の条件下では 20‰下で産卵量が最大になることが示されている．汽水域に分布する特性が産卵にも反映しているといえる．底質に対する選好性も *Hydrobia ulave* で調べられている

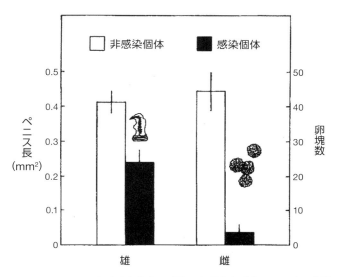

図 1-7　*Hydrobia ulvae* における寄生虫に感染した個体と感染していない個体の繁殖
活動の相違. 雄のペニス長と雌の卵塊数を示した（Mouritsen, K.N. & Jensen,
K.T.（1994）Joural of Experimental Marine Biology and Ecology, 181）

（Barnes & Greenwood, 1978；Barnes, 1979）. 選択実験をすると *Hydrobia*
ulvae は砂質より泥質を選ぶ個体がほとんどであるが，集団中には泥質
よりも砂質を好む個体が存在する点にも注目している.

　寄生虫によって繁殖活動が抑制され，反対に成長が促進される例が
Hydrobia ulvae で知られている（Mouritsen & Jensen, 1994）. 吸虫に寄
生された貝は，寄生されていない貝に比べて殻の成長（図 1-6）も軟体
部の成長も高くなるが，雄の生殖器は小さくなり，雌の卵量は低下する
のだ（図 1-7）. さらに貝の移動速度は，吸虫に寄生されると遅くなって
しまうという.

第 **2** 章
半球型の巻貝

タマキビ科（Littorinidae）―― 陸域に適応した貝

　タマキビ科の種には，波当たりの強い岩礁海岸にいるもの（アラレタマキビ *Echinolittorina radiata* など）から内湾・河口域に生息するもの（マルウズラタマキビ *Littoraria sinensis* など）まである．汽水域では，水際の植生，つまり塩生植物の体表上に付着して生活するものが多い．温帯の汽水域では，その沿岸域は塩性湿地と称される草本性の植物に覆われる植生域が存在するが，その湿地がタマキビ科のヌマチタマキビ *Littoraria irrorata*（図 2-1）の摂餌活動により大きな影響を受けていることを示した研究が知られている（Silliman & Zieman, 2001）．アメリカ東岸の塩性湿地において，この貝を湿地の一画から除去すると，植物（*Spartina alterniflora*）の地上部現存量が，数か月後には 38％ も増加し，逆にこの貝を湿地の一画に添加すると，植物の地上部現存量は，数か月後には 51％ も減少したという．これは貝が植物体をかじるためであるが，そのかじりは，菌類の生育を促進させるためで，貝はそこに生育する菌類を主な餌源にしているのだった（Silliman & Newell, 2003）．この貝は，植物上に自分の餌になる菌類を栽培していると言ってもよい．これはアメリカ東岸の塩性湿地での現象だが，日本の塩性湿地では，貝類が生きた植物体をかじるという例は知られていない．そもそも日本の塩性湿地では，タマキビ科の貝も，また植物体上に住み着くような貝もみられない．なお，ヌマチタマキビの塩生植物に対するトップダウン効果は，カニ類（シオマネキ類）の生息によって緩和されることが明らかにされている（Gittman & Keller, 2013）．これはシオマネキ類が生息することで，植物の生育が促進され，貝類による負の効果を補償することになっているものと理解される．

　琉球列島の河口域には，木本性のマングローブ植物の体表上に住み着くタマキビ科の貝類が出現する．マングローブ湿地に出現するこれらタマキビ類は，いずれもマングローブ植物体上に住み着いており，地上部にいることはほとんどない（Reid, 1985）．マングローブ植物体上での垂直分布には，種によって相違が認められており，たとえば日本の八重山

図2-1　アメリカフロリダの塩性湿地にみられるヌマチタマキビ *Littoraria irrorata*

諸島では，ヒメウズラタマキビ *Littoraria intermedia* が樹幹部の下方に，同じ樹幹部の少し上にはウズラタマキビ *Littoraria scabra* が，そして最も高い位置にくる葉上にはイロタマキビ *Littoraria pallescens*（図2-2）が住み着く（Ohgaki, 1992）．ウズラタマキビとイロタマキビの垂直分布の違いは，インドネシアのマングローブ林でも同様に観察されている（Boneka, 1994）．具体的には，ウズラタマキビは，地上から25〜150 cmの樹幹部にみられ，イロタマキビは地上から50〜380 cmの葉上にみられるとしている．

　マングローブ植物体上に住み着くタマキビ類の活動パターンとその餌内容については，カスリウズラタマキビ *Littoraria ardouiniana* とクチグロウズラタマキビ *Littoraria melanostoma* で調べられている（Lee at al., 2001；Lee & Williams, 2002）．両種とも活動は夜間に行われ，下方に移動してまた上方に戻るという動き方をする．ただし昼間でも雨があ

16

図2-2　南タイのマングローブ林の葉上にみられるイロタマキビ *Littoraria pallescens*

ると活動がみられる．餌内容としては，両種とも，樹皮，植物の表皮細胞，菌類，微小藻類などがわかっているが，特に植物の表皮細胞が量的に多い．いずれにしてもこれらタマキビ類はマングローブ植物の体表から餌をとっているのである．

　マングローブ湿地のタマキビ類では，その殻の色彩変異が顕著なため，殻色についての研究もよくされてきた．樹幹部に主に分布する種は茶色や灰色系で，枝や葉上に分布する種は明るい黄色系統の色彩のものが多いのは，背景色とのマッチングと結びついているものとみられている（Hughes & Mather, 1986）．Hughes & Mather（1986）は，黄色系統の個体の生存率が高いことと，捕食者を制限すると黄色系統の個体数比率が下がるという結果に基づき，黄色系統の個体は捕食者による被食をまぬがれやすいのではないかとしている．なお，ここで想定されている捕食者としては魚類のフグ類が上げられている．ちなみに，フグ類がタマキ

図 2-3　マルウズラタマキビ *Littoraria sinensis* の集塊

ビ類を捕食するのは，冠水下のみならず，水面上でも頻繁に捕食をする
ようである．コスタリカのマングローブ林では，フグ科の魚が水面上
13 cm まで飛び上がり，マングローブ支持根上のタマキビ類を引きはが
して食べるという（Duncan & Szelistowski, 1998）．これらフグ類の胃内
容物からもタマキビ類は数多く検出されているが，その体サイズは小さ
めのものに偏っている．その理由は，小型個体のほうが大型個体よりも，
マングローブ支持根上の分布が低めであるためとみられている．

　殻の強さと色彩との関連についても興味深い報告が知られている．
Cook & Kenyon（1993）は，イロタマキビにおいて，黄色系の個体より
暗色系の個体のほうが，殻が重くて堅いという結果を示している．

　日本本土の汽水域に出現するマルウズラタマキビ（図 2-3）について
は，その生態学的研究はほとんどない．本種は紀伊半島以南九州までの
各地の内湾や河口域に分布しており（環境省自然環境局生物多様性セン

ター，2007），特に瀬戸内海や有明海の沿岸では多産するため，内湾の指標種と言ってもいい．新川（1980）は，「ヒメウズラタマキビ *Littoraria strigata*」という種名で，瀬戸内海沿岸における本種の生態分布を記載している．本種の垂直分布は潮間帯の上部に限られ，近縁のタマキビ *Littorina brevicula* よりも更に上位に分布する特徴をもっていることが示されている．その分布特性を反映して，本種は水中に投入されると水面近くまで移動すること，またその際には，他個体の這い後を追跡することなどが観察されている．本種の野外個体群を追跡した研究は，日本ではなく，タイで調べられたもの（Sanpanich et al., 2008）があるにすぎない．年間を通した体サイズ組成や生殖巣の発達段階がまとめられているが，それによると，調査された地域では，体サイズ組成は年間を通じてほとんど変わらず一山型であり，新規加入群の確認もできていない．また生殖巣は年中発達しており，繁殖は年間を通じて行われているのである．

　マルウズラタマキビに近縁のヒメウズラタマキビの鹿児島における個体群を追跡した研究が最近発表された（河野ほか，2017）．それによると本種の体サイズ組成の経月変化からは，小型個体の新規加入が，4月と8月の2期にみられるが，場所によっては新規加入がまったくみられないものも確認されている．また寿命は複数年とみられている．

　日本本土の内湾に最も普通のタマキビは，マルウズラタマキビに比べて生態学的研究は数多い．なかでも Takada（1992, 1995）は，ひとつの地域個体群の中に移動様式の異なる2つの集団が認められるというおもしろい現象を見出している．それは，繁殖期である冬期に潮間帯の下方に移動し春には再び上方の位置に戻る個体と，冬期における下方へ移動はなく上方でそのまま分布する個体がいるというもので，繁殖行動は，前者では下方で，後者では上方で行われるのである．しかも下方へ移動する個体と上方に残る個体とは，移動特性そのものにも違いがみられるのだ．下方へ移動した個体を上方へもってくると下方に向かって移動する傾向が強いのに対し，上方で残った個体を下方へもってくると上方に向かって移動する傾向が強いという（図 2-4）（Takada, 1995）．この2つ

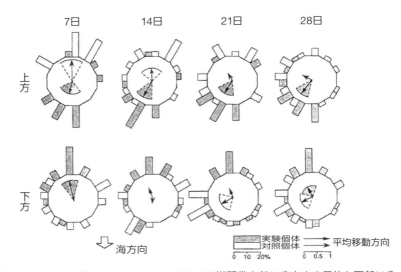

図 2-4 タマキビ *Littorina brevicula* における潮間帯上部に分布する個体と下部に分布する個体の移動方向の相違．上部に分布している個体は上方への移動傾向が強いが，それを下部に移植させても上方への移動傾向は強い．一方下部に分布している個体は下方への移動傾向が強いが，それを上部に移植させても下方への移動傾向は強い．白縦棒は元々そのレベルに分布していた個体の移動方向，黒縦棒は上部から下部，または下部から上部へ移植させた個体の移動方向を示す（Takada, Y.（1995）Hydrobiologia, 309）

の集団はそれぞれ潮間帯の上位と下位で別箇に繁殖活動をしていることになり，性的隔離が存在している可能性が高い．しかし両集団間で遺伝的差異は見出されてはいない（Zaslavskaya & Takada, 1998）．

スガイ —— 緑藻カイゴロモとの共生

サザエ科の貝類は海産種がほとんどだが，スガイ *Lunella coreensis* は外海の岩礁海岸から内湾汽水域の転石海岸まで広く分布する．スガイの殻にはシオグサ科の緑藻カイゴロモ *Cladophora conchopheria* が特異的に着生する（図 2-5）．カイゴロモは岩盤上に生えることはなく，また他の巻貝の殻にもつくこともない．また殻の形状がよく似ているスガイの近

図 2-5　スガイ *Lunella coreensis* と殻上につく緑藻カイゴロモ
Cladophora conchopheria

縁種カンギク *Lunella coronatus* にもカイゴロモの着生はみられない．スガイはカイゴロモにとって唯一の生息場提供者なのである．では，カイゴロモの着生はスガイに対してどのような意味をもつのであろう．

　カイゴロモがついたスガイの殻の断面を電子顕微鏡で観察してみると，カイゴロモはその根部を殻の殻皮層から外殻層まで穿孔させていることがわかった（図 2-6）（Yamada et al., 2003）．ただし殻を貫通させてはいないので貝軟体部との連絡はないとみてよい．殻への穿孔は，殻を弱らせる効果をもつかもしれない．ではカイゴロモのついたスガイとカイゴロモのついていないスガイとで生存率に違いが出るだろうか．室内の飼育水槽で両者の生存日数を比較したところ，カイゴロモ着生スガイ（N＝40）が平均53.7日（最短 15 日，最長 85 日）で，非着生スガイ（N＝40）は平均54.0日（最短 15 日，最長 85 日）となって違いはなかった（Xing & Wada, 2002）．

$100\mu m$

図2-6　カイゴロモのついたスガイの殻の断面写真．カイゴロモの根部が殻の外殻層まで穿孔しているのがわかる

　カイゴロモの殻への穿孔の影響としては，殻の成長への効果があるかもしれない．野外に個体識別したスガイを放逐し，その殻サイズと付着カイゴロモの着生量（面積）を1年間追跡した（Xing & Wada, 2002）．それによると，スガイの殻の成長は11月から3月までの寒冷期にはまったくみられず，8月から9月にかけて最も成長率が高い（平均±SD＝0.2 ± 0.1 mm/30 days）という特徴を示したのに対し，カイゴロモの着生量は6月から7月までの期間で増加率が最も高く（平均±SD＝20.7 ± 17.7 mm^2/30 days），1月から3月までは増加せず減少するという特徴を示した．殻が成長する時期にカイゴロモの着生量の増大もみられるが，殻の成長とカイゴロモ着生量増加率との間には特に相関関係は認められなかった．これはカイゴロモの着生が殻の成長には特に何の影響も与えていないことを示唆する．

　一方，カイゴロモの着生は，スガイの殻の条件によって違いがあるだろうか．たとえばスガイの体サイズによって着生量は違うだろうか．殻長10 mm未満の小型個体と10 mm以上の大型個体との間で，カイゴロモの着生量を比較したところ，明らかに大型個体のほうが着生量は多か

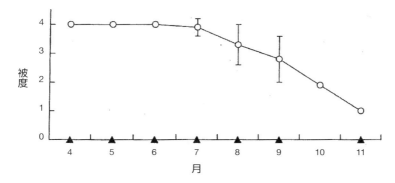

図 2-7　スガイの殻を野外に放置した場合のカイゴロモ着生量の変化．カイゴロモの着生があるスガイを殻だけにするとカイゴロモの着生は 4 か月後に減少する．カイゴロモの着生のないスガイの殻にはカイゴロモの新規着生はみられない

った（Xing & Wada, 2002）．特に冬期には，調べられた小型個体すべて（82 個体）でカイゴロモの着生はみられていない．このことは，カイゴロモのスガイの殻への定着は，ある程度大きくなったスガイから始まることを示している．

　スガイの死殻では，カイゴロモの着生は可能だろうか．野外でヤドカリが利用しているスガイの殻上のカイゴロモ着生量をみたところ，それは，スガイ生貝上の着生量よりも明らかに少なかった．具体的には，カイゴロモの着生被度が 50％以上の殻の割合が，生貝では 50〜75％（N = 3887）であったのに対し，ヤドカリの利用した殻ではせいぜい 10〜20％（N = 951）と低かった（Xing & Wada, 2002）．死殻より生貝の殻のほうがカイゴロモにとっては都合がよさそうである．そこで生きたスガイから軟体部を取り外し，その殻を野外のスガイ生息地の岩盤上に設置して，殻上に生えているカイゴロモの変化をみてみた（Yamada et al., 2003）．カイゴロモがたくさん着生したスガイの殻（N = 20）は，最初の 3 か月間は，着生量に変化はなかったが，4 か月を越えると徐々に減少し，7 か月後にはごくわずかの着生量になってしまった（図 2-7）．またもともと

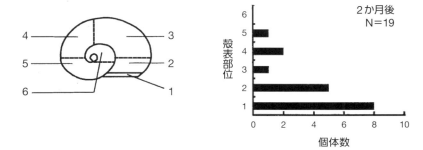

図2-8 カイゴロモが新規着生するスガイ殻上の部位. 殻口近くの部位 (1) に最も多く着生する

　カイゴロモの着生のないスガイの殻 (N = 20) には, 同じ期間を通してカイゴロモの新たな着生はみられなかった (図2-7). カイゴロモのスガイ殻上での生存も, スガイ殻上への新規着生も, 生きたスガイの殻が必要なのである. それでは, 生きているスガイのどのような条件がカイゴロモの生存に寄与するのだろう. カイゴロモの根部はスガイの殻を貫通はしていないので, スガイからの栄養分等の受け取りはないだろう. スガイの死殻を追跡した実験では, カイゴロモの付着量減少とともに殻の殻皮層から外殻層までの部分の剥離が確認されている. おそらく死殻では, カイゴロモの付着基盤になるべき殻の層がなくなることで着生を維持するのが困難になるものとみられる. また新規着生にも, 殻皮層から外殻層の存在は必要なのだろう.
　では, カイゴロモの新規着生は, スガイの殻のどの部位でも同様にみられるのだろうか. そこでカイゴロモのついていないスガイをマークして野外に放し, カイゴロモの着生が, 殻のどの部位で始まるかをみてみた (Yamada et al., 2003). 2か月後にみつかったマーク個体9個体のすべてでカイゴロモの新規着生が認められたが, その着生部位は多くが, 殻口付近の部位であり, 殻頂付近の部位への着生はなかった (図2-8). 殻口付近は殻が成長する部位でもあることから, カイゴロモの新規着生はスガイの殻の成長と連動して行われることが示唆される.

スガイは外海に面した海岸から内湾奥まで広く分布するが，カイゴロモの着生はどこも同じわけではない．和歌山県の田辺湾内のスガイ分布地で，カイゴロモの着生量を比較したところ，内湾奥部の基底に泥が混じるようなところに生息しているスガイにはカイゴロモの着生はまったくみられないことが明らかとなった（図2-9）（Yamada et al., 2003）．また同じ地点でもレベルの高いところのスガイのほうが，低い位置のスガイよりもカイゴロモ着生量が多い傾向がみられた（図2-9）．内湾奥部のスガイにカイゴロモがついていない理由は何であろう．考えられるのは，内湾域ではカイゴロモの生存が困難であるということと，もうひとつは，内湾域のスガイにはカイゴロモの新規着生がないということである．前者の仮説を検証するため，カイゴロモが多く着生したスガイを内湾域に移植させたら，たくさんついていたカイゴロモがどのようになるかをみてみた（Yamada et al., 2003）．なお対照群として，カイゴロモがたくさんついたスガイをカイゴロモが多く分布している外海側のスガイ生息地にも移植した．41日後に再捕されたスガイは，実験群で6個体，対照群で14個体であったが，対照群はどの個体もカイゴロモの着生量に変化はみられなかったが，実験群つまり内湾に移植された個体の着生カイゴロモは6個体中5個体で着生量の減少が認められた．つまり，内湾奥部に生息すると殻上のカイゴロモは生育が困難になると言える．一方，後者の仮説，つまり新規着生の有無については，カイゴロモの着生のないスガイを，内湾奥部のスガイ生息地と外海側のスガイ生息地にそれぞれ放逐し（各20個体），新規着生があるかどうかをみてみた（Yamada et al., 2003）．41日後に再捕されたスガイは，内湾奥部への放逐群で7個体，外海側への放逐群で14個体であったが，このうちカイゴロモの新規着生は，外海側への放逐群の1個体で認められただけだった．1個体だけであったが，外海側では新規着生があったのに対し，内湾奥では新規着生がみられなかったのである．

　以上のようなスガイ殻上のカイゴロモの着生特性の観察結果からは，カイゴロモは自身の着生部位をスガイに提供してもらっているのに対し，スガイはカイゴロモがつくことによる利益も不利益も受けていない．す

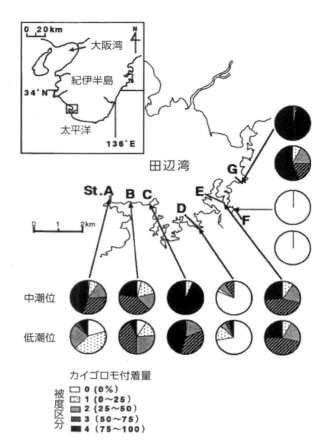

図 2-9　スガイ殻上のカイゴロモ付着量における場所間の相違. 田辺湾の湾口部から
　　　　湾奥部までの7地点のスガイを中潮帯と低潮帯に分けて示した. 湾奥部では
　　　　カイゴロモ付着量が少ない傾向がみられる

なわち両者の関係は片利共生の関係にあるといえる. しかし海藻類が二
枚貝の殻につくと，被食圧が高まるという事例も知られており（Lauidien
& Wahl, 1999），この点についての検討，つまりカイゴロモのついたスガ
イとついていないスガイとの間での被食圧の比較が今後望まれるところ
である.

イシマキガイ ── 淡水域まで遡上する貝

　アマオブネガイ科 Neritidae のイシマキガイ属 *Clithon* は，汽水域か
ら淡水域に分布する種から構成されており，そのうちのイシマキガイ
Clithon retropictum（図 2-10）は，日本の沿岸では最も広範囲に分布す
る種である．海域には分布せず，汽水域から淡水域までまたがって分布
するが，幼生は海域に分散する両側回遊タイプのベントスである．本種
の生態に関する研究は，1960 年代から数多く知られている．

　主なテーマは，新規定着とそれ以降の成長に伴う汽水域と淡水域の間
の移動についてである．定着直後の稚貝は，汽水域の中でも特に上流域
に集中するようである（Kobayashi & Iwasaki, 2002）．定着直後の稚貝
は感潮域では満ち潮時に水面に浮遊して上流に遡上することがあるとさ
れる（阿部，1980）．稚貝は成長するに従って上下流に分布を拡げる．
しかし淡水域の上流ほど，大型の個体が増える（恩藤・中本，1964；
Kobayashi & Iwasaki, 2002）．これは上流個体ほど年齢が進んでいるため
とみられる（Shigemiya & Kato, 2001）．つまり年齢とともに上流域へ遡
上するものがあるのである．しかし汽水域上流部にいるイシマキガイ成
体の移動を個体識別して調べた西脇ほか（1991）は，上流方向への移動
と下流方向への移動がほぼ同程度にみられるとしている．ただこの調査
は数か月間での移動をみたものなので，もう少し長期間にわたってみた
場合は，上流方向への移動が下流方向への移動を上回るのかもしれない．

　イシマキガイは汽水域から淡水域まで分布するため，その分布との関
連で水塊中の塩分濃度への適性が詳しく調べられてきた．宮本（1960）
は，宍道湖・中海のイシマキガイを塩分濃度の異なる水槽で 2 週間後の
生存率を調べているが，それによると，0.4‰以下では死亡がなく，4‰
以上ではほとんどが死亡するとしている．平田ほか（2001）は，海水か
ら淡水までの様々な塩分濃度下での 328 日間の生存率を，様々な体サイ
ズの個体について調べた．死亡率が最も高かったのは 100％海水で，そ
の次が 75％海水と淡水であった．残りの 5％から 50％海水ではほぼ同
様の高い生残率が示された．なお淡水での生存率は，体サイズが大きい

図2-10　汽水域の転石上につくイシマキガイ *Clithon retropictum* と石上に産みつけられた卵塊

程高い傾向が示され，一方，海水での生存率は小型個体が大型個体よりも高い生存率を示していた．淡水域上流部は大型個体で占められ，小型個体は汽水域だけで出現するという Kobayashi & Iwasaki（2002）の分布特性を反映した塩分耐性が示されているといえる．ところが，古城・冨山（2000）は，淡水と海水とで生存率を比較し，海水のほうが淡水よりも生存率が高いという，これまでとは逆の結果を示している．ただ幼貝と成貝との違いはこれまでと同様で，淡水では成貝のほう，海水では幼貝のほうで生存率が高かった．おそらく実験に使った個体がどのような塩分条件下にいたものかによって実験に現れる耐性が違ってくるのであろう．

　イシマキガイの繁殖特性として興味深いのは，雌が交尾によって雄から受け入れた精包が雌の交尾嚢内に残る（平田ほか，2000）という現象である．このことから，交尾頻度や交尾時期などが，雌の交尾嚢を観察す

ることで可能となる．実際に平田ほか（2000）は，雌の交尾嚢中の精包数を追跡することで，イシマキガイは年中交尾を行うが，特に3～7月と10～11月に交尾が活発であることを明らかにしている．またShigemiya & Kato（2001）は，雌の交尾嚢中の精包数をカウントすることで雌1個体の生涯交尾回数を求めており，その数は91回にも及ぶとしている．また淡水の上流域の個体ほど交尾回数は少なくなっていることも明らかにしている．

　大阪湾に流れこむ神崎川の河口付近には，阪神大震災時に地盤沈下を起こしてできた干潟海岸があり，そこにはイシマキガイが多数分布している．当地で，イシマキガイの分布を，その生活史と関連させて調べたのは，宮島瞳さんだ．イシマキガイの分布を基質とレベルとの両面から位置づけ，その季節的な変化や個体の体サイズによる違いなどをみようとしたのである．イシマキガイの分布を，泥質のところと岩質のところとで比較すると，ほとんど岩質のところにしか分布することがないということは知られていた（古城・冨山，2000；小原・冨山，2000）．しかし岩質のところをどのように利用しているのか，また岩質のところへの依存度は季節的にも個体の成長によっても違いがないのかなどは明らかにはされていなかった．

　イシマキガイの分布域内に定量採集地点を，レベルの低いところから高いところまで，そして基質の条件が異なるところを含むように設け，1年間ほぼ毎月の調査を行った．イシマキガイの生息密度を，そこのレベル，石の被度，基底の浸水の有無，そして調査月と関連づけて検討したところ（一般化線形モデル），生息密度は，石の被度と基底の浸水の有無によって決まっており，石の被度が高く，水分が干潟表面に残っているほど密度が高いことが示された（Miyajima & Wada, 2014）．石の上側面あるいは下面についている個体の割合は90％以上に及び，特に秋から冬にかけてその割合が高かった．さらに秋から冬には石の下面につく個体の割合が高かった．交尾姿勢をとっている個体は年中観察されたが，その大半が石の上面または側面についているものであった．卵塊は4月から9月まで石の表面や個体の殻面上でみつかった．地盤高は生息密度に

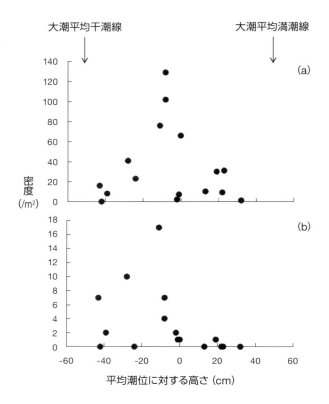

図 2-11　イシマキガイ生息地の潮位高（平均潮位レベルに対する高低差）に対する生息密度の関係. 大型個体（殻長 7 mm 以上）の分布範囲（a）の下方に小型個体（殻長 7 mm 未満）の分布範囲（b）がある

　は直接影響はしていなかったが，小型個体と大型個体との間では地盤高に対する分布の仕方に違いが認められた．すなわち，小型個体は平均潮位より下方に主に分布するのに対し，大型個体は，平均潮位付近で密度が高いものの，それよりも高位のところも低位のところも同じ程度に分布していた（図 2-11）.
　　石の量がイシマキガイの生息数に影響するのは，石の量を操作させる野外実験からも示すことができた．イシマキガイ生息地から，石を取り

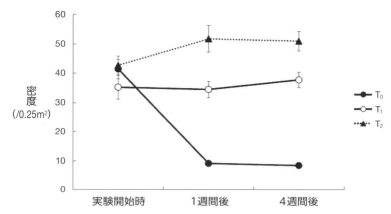

図 2-12　イシマキガイに対する生息地の転石量操作実験の結果．転石を取り除いた
区（T_0），転石を 2 倍量にした区（T_2），転石量を変えなかった区（T_1）での
1 週間後と 4 週間後の生息個体数を示した

除いた区（T_0），石を 2 倍量に増やした区（T_2），そして石の量は変えず
に，いったん石を取り除いてまたもとに戻した区（T_1）をつくって 1 週
間後と 4 週間後のイシマキガイ生息数をみたところ，T_0 では激減し，
T_1 ではほとんど変わらず，T_2 では約 1.5 倍に増えた（図 2-12）．このよ
うにイシマキガイは石の存在に強く依存しているが，それは，石上を交
尾・産卵といった繁殖活動に利用していることと，石下が夏季の高温時
や乾燥時，あるいは冬期の低温時の逃避場所として有用であることも関
係しているだろう．さらにかれらの餌は主に藻類だとされており（小
原・冨山，2000），付着藻類の豊富な石上を餌場としていることもあるだ
ろう．ただし本種はセルロース分解酵素をもっていることも知られてお
り（Antonio et al., 2010），陸上植物やその遺骸を食すこともありえる．
　イシマキガイが属するアマオブネガイ科は，その多くの種が汽水から
淡水までに分布し，淡水域を遡上する特性をもっている代表格の貝であ
る．その種多様性は，熱帯・亜熱帯のマングローブ湿地で極めて高く，
日本でも奄美大島以南で数多くの種が分布している．たとえば西表島の
1 河川河口域から実に 21 種ものアマオブネガイ科の種が確認されてい

図 2-13　シマカノコ *Neritina turrita*

る（Okuda & Nishihira, 2002）．そこでは，マングローブ湿地がつくり出
す微生息場所の違いに応じたすみわけが認められている．その違いの基
本的な条件は水環境で，塩分条件と干出時の水の存在様式，つまり細流
や水溜まり，あるいは水分がなくなった基質，そして流れの強い流水下
といった違いがそれぞれの種の分布に結びついている．またシマカノコ
Neritina turrita（図 2-13）やヒロクチカノコ *Neripteron pileolus*（図
2-14）などでは，小型個体の分布が大型個体の分布域よりも下位にくる
ことも明らかにされており，これは，稚貝の新規加入が潮間帯下部で行
われ成長に伴って上位に移動するという生活史に伴った生息場所の変化
を示している．

　淡水域を遡上する上で，その移動を他の個体の殻上に乗って行うとい
う奇妙な習性をもっている種が知られている．ヒッチハイク行動と称さ
れる本行動は，ソロモン諸島の河川上流部（河口から 1〜6.7 km 上流）

図 2-14　ヒロクチカノコ *Neripteron pileolus*

で，アラハダカノコ *Neritina asperulata* の幼貝がカバクチカノコ *Neritina pulligera* の成貝の殻上に多数ついているという観察からみつかった（Kano, 2009）．この観察では，室内で幼貝の殻上への付着過程もみている．カバクチカノコの殻上についているアラハダカノコの幼貝を殻から外して，元の宿主個体・他のカバクチカノコ・空の殻・石を選ばせたところ（22 回の試行），どの個体も，元の宿主個体の殻か他のカバクチカノコの殻につき，空殻や石についたものはなかった．この結果から，アラハダカノコの幼貝は，生きたカバクチカノコを好んで宿主としていることがわかる．上流への移動を他の大型種の移動にゆだねているのである．

　イシマキガイでは，その産卵は，石上だけでなく他個体の殻上にも卵塊を産みつけることがみられる（既述）が，他のアマオブネガイ科の種（主に *Neritina* 属）でも同じ科の種の殻上に産卵する行動が知られている（Kano & Fukumori, 2010）．しかもその殻上産卵は，同じアマオブネ

ガイ科の *Vittina* 属や *Clithon* 属の種による卵食を回避するのに有効であるという興味深い結果が報告されている.

イシマキガイと同属のヒメカノコ *Clithon oualaniense* では，その活動パターンが Takada（2000）により詳細に調べられている．ホンコンの海草帯にいる本種の活動であるが，それによると活動量は夜間より昼間のほうが高く，潮汐の影響は受けないという．また低塩分や淡水があると活動は低下するが，遮蔽下では活動は高まるという.

第 3 章

塔型の巻貝 ── その 1

コゲツノブエ —— 殻上に産卵する貝

オニノツノガイ科 Cerithiidae の巻貝は，多くの種がサンゴ礁や岩礁域を生息場所にしており，干潟域にみられるのは，九州以北の日本ではコゲツノブエ *Cerithium coralium*（図 3-1）という種だけである．本種は西南日本以南の西部太平洋域からインド洋に至る広い範囲にその分布域をもつ熱帯性の種であるが，日本では稀少種とされ，環境省（2014）でも絶滅危惧 II 類に指定されている．和歌山県の田辺湾奥にある内之浦の干潟には，以前は本種の生息はごくわずかしかみられなかったが，近年本種が数多く分布するようになった．南方系の海洋生物種が分布を北上させている近年の傾向がここにも表れていると言える．

コゲツノブエの個体群を追跡した研究は皆無であったので，田辺湾の個体群の生活史と空間分布特性を卒業研究のテーマに坂本晴菜さんに調べてもらうことにした．本種が分布している海草のコアマモが繁茂した干潟域にその分布域をカバーするように採集地点を設け，3 月から 11 月までの期間毎月定量的な採集を行って，サイズ組成の経月変化を追いかけるとともに，その調査域内での分布様式の季節変化も追跡するようにした（坂本・和田，2016）．なお採集した個体は計測後元の生息地に戻すようにした．調査域は平均潮位面から大潮低潮線までの範囲にあるが，その中でコゲツノブエは夏季に分布レベルが少し低くなるのと，3 〜 6 月にみられる小型個体は大型個体よりも低いところに偏った分布を示した（図 3-2）．小型個体が大型個体よりも下方に偏って分布する傾向は，前述のイシマキガイでも同様であった．ただし，コゲツノブエと同じオニノツノガイ科で転石潮間帯に分布するオオシマカニモリ *Clypeomorus subbrevicula* では，大型個体のほうが小型個体よりも下方に偏ることが知られている（Kurihara, 2000）．

コゲツノブエの殻長組成の経月変化（図 3-3）からは，3 月から 6 月までは小型個体と大型個体の 2 つの山がみられ，7 月以降は大型個体のグループだけの一山となった．小型個体の山の移り変わりから，小型個体の成長がうかがえ，春に 8 〜 10 mm であったものが 8 月には 20 mm

図 3-1　コアマモ *Zostera japonica* 生息地内のコゲツノブエ *Cerithium coralium*

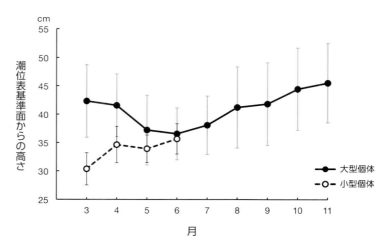

図 3-2　コゲツノブエの大型個体（殻長 11 mm 以上）と小型個体（殻長 11 mm 未満）
の平均生息レベルの経月変化．縦棒は標準偏差を示す

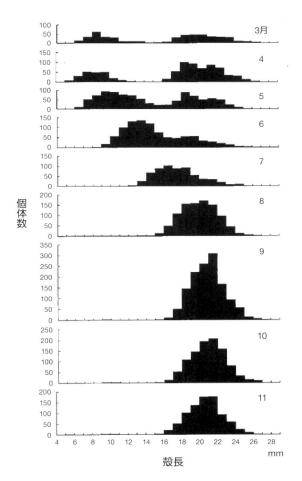

図3-3　3月から11月までの調査地（和歌山県田辺市内之浦）におけるコゲツノブエ
　　　　個体群の殻長組成の経月変化

くらいまで成長することがわかる．ヒストグラムからはみつけづらいが，
5 mm 以下の最小個体が 11 月になって採集されていることから，新規
加入は 11 月頃から始まり，それら加入個体は翌年の春頃に小型個体の
山を形成するものと推察される．12 月から 2 月までの冬期のデータが

図 3-4　コゲツノブエの殻上に産みつけられた卵塊

取れていないが，おそらく冬期に新規加入群が明瞭に認められるものと
推測される．

　本種の産卵では，白い卵塊が自分の殻の上に産みつけられる（図 3-4）
ことがわかった．殻上の卵塊は 8～11 月にみられ，卵塊をつけた個体は
すべて雌個体であったことから，自分の殻に産みつけるものとみられた．
イシマキガイなどは，他個体の殻上や固い基質の上に卵塊を産みつける
（図 2-20）が，自分の殻に卵塊をつける習性をもった腹足類はあまり知
られていない（Ponder, 1994；Watanabe et al., 2009）．コゲツノブエが属
する Cerithium 属の種では，ゼラチン状の糸あるいはコイルのような卵
塊を海草上や堅い基質に産みつけるとされている（Houbrick, 1973）．こ
れに対してコゲツノブエの卵塊は糸状とはかけ離れた小判状のもので，
むしろイシマキガイの卵塊とよく似ている．この卵塊は決して砂泥上や
コアマモ上でみられず，自分の殻だけを産卵場所にしているものと思わ
れる．

死殻の頻度を経月的に追いかけた結果，7月に際立って死殻が多いことが明らかとなった．このことは，6〜7月の死亡率が高いことを示している．コゲツノブエの捕食者としては，腹足類のアッキガイ科 Muricidae のクリイロバショウ（ガンゼキボラモドキ）*Chicoreus capucinus* が，東南アジアのマングローブ域で知られているが，この貝によるコゲツノブエの捕食は，主に貝殻に穴をあけて行われる（Tan, 2008）．しかし，内之浦のコゲツノブエの死殻には，このような捕食痕や，甲殻類などに捕食された場合に残る破砕痕などは一切みられなかった．田辺湾のコゲツノブエの夏季にみられた死亡要因としては，高温または雨水といった非生物的要因によるものが大きいとみられる．

コゲツノブエを扱った生態学的研究としては，インドネシアで，キバウミニナ科（フトヘナタリ科）Potamididae のマドモチウミニナ *Terebralia sulcata* との種間関係をみたものが知られている（Barnes, 2003）．マングローブ湿地内での両種の分布は，互いに排反的で，生息密度は互いに負の相関性を示す．摂餌活動を糞塊の排出数でみたところ，コゲツノブエの摂餌活動は，マドモチウミニナが混生すると低下し，しかもマドモチウミニナの密度の増加に伴って低下するという．しかし，反対にマドモチウミニナの摂餌活動には，コゲツノブエとの混生による影響は見出されていない．

ウミニナとホソウミニナ —— 発生様式が異なる近似種

日本産のウミニナ科には，ウミニナ *Batillaria multiformis*（図 3-5），ホソウミニナ *Batillaria attramentaria*（図 3-5），リュウキュウウミニナ *Batillaria flectosiphonata*，イボウミニナ *Batillaria zonalis*（図 3-5）の 4 種が知られているが，いずれも干潟を生息場所にしている．ウミニナとホソウミニナは，日本の沿岸では最も普通にみられる種であるが，ウミニナのほうは，最近各地で個体数を減らしており，環境省レッドリスト 2017 では，準絶滅危惧に評価されている．実際，和歌山県の田辺湾でも，ホソウミニナは広範囲に生息している（足立・和田，1997a）が，ウミニ

図 3-5　ウミニナ科 3 種，ウミニナ *Batillaria multiformis*（左端），ホソウミニナ *Batillaria attramentaria*（左から 2 つめ），イボウミニナ *Batillaria zonalis*（左から 3 つめ）と，キバウミニナ科 2 種，ヘナタリ *Pirenella nipponica*（右から 2 つめ），フトヘナタリ *Cerithidea moerchii*（右端）の外殻の相違

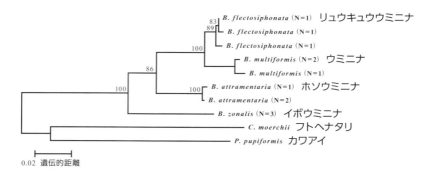

図 3-6　ミトコンドリア DNA の COI 領域からみたウミニナ科 4 種（ウミニナ，ホソウミニナ，リュウキュウウミニナ，イボウミニナ）の系統関係（外群：フトヘナタリ，カワアイ）．系統樹の枝部の数字はブートストラップ値を示す（Kojima, S., Ota, N., Mori, K., Kurozumi, T. & Furota, T.（2001）Journal of Molluscan Studies, 67）

ナは湾奥部に局在しているにすぎない．両種は殻の形状がよく似ている（図3-5）ため，同定が困難な個体もよくあるが，遺伝的には明確に異なっていることが示されている（図3-6）（Kojima et al., 2001）．また発生様式は，ウミニナがプランクトン幼生を経る（風呂田ほか, 2002）のに対して，ホソウミニナは卵塊から稚貝が直接孵化する直達発生をもっている（足立・和田，1997b）という違いが存在する．またホソウミニナの学名は，長い間 *Batillaria cumingi* とされていたが，最近 *Batillaria attramentaria* に変更になった．

　両種は混生するところも多いが，ホソウミニナのほうがより海側寄りに偏る傾向がある（山本・和田，1999）．このことは低塩分に対する耐性が，ホソウミニナよりもウミニナのほうが大きいこと（山本・和田，1999）からも理解できる．両種が混生するところでは，地盤高によって分布にずれが認められ，ウミニナがより上方に，ホソウミニナはより下方に分布が少し偏る（図3-7）（Adachi & Wada, 1998；山本・和田，1999）．この潮位高による分布の違いは，干出条件への選好性がウミニナのほうがホソウミニナよりも高いことからも理解できる．海水を入れた水槽を，底面の半分水面下になるように傾け，水面下に1個体を入れて，10分おきに1時間，入れた個体の位置，水面下か水面外かを記録する実験を10個体で行ったのである（山本・和田，1999）．その結果は，ウミニナのほうが，ホソウミニナの2倍以上の頻度で水面外にいることが多かった．

　ホソウミニナの生活史と分布を詳細に調べ上げたのは，足立尚子さんの修士研究である．ホソウミニナがどのような卵を産むのか，そして卵がどのように発生が進むのかを観察した（足立・和田，1997b）のも足立さんである．それによると本種の卵はひとつずつ砂粒に覆われた形で砂中に産みつけられる（図3-8）．その卵からはベリジャー幼生ではなく，殻をもった稚貝が孵化して出てくるのである．ではその卵から稚貝，そして幼貝，成貝と発育に伴ってかれらの分布はどのような変化を示すのであろう．この生活史に伴う分布の変化を，岩礁域の集団と干潟域の集団とで比較する研究がなされた（Adachi & Wada, 1999）．調査の手法は，それぞれの集団で様々なマイクロハビタットごとに定量的採集を行い，

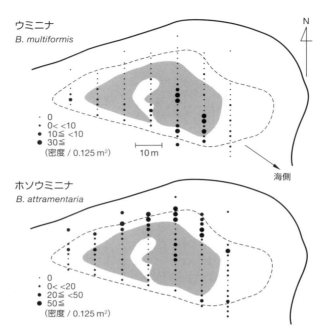

図 3-7　ウミニナとホソウミニナ混生地における両種の空間分布．破線は干潮水際線，灰色域は塩生植物の生息域を示す

採集個体のサイズ（殻長）を測るというもので，卵だけは一定量の砂を取ってきて砂中から卵を探し出して計数するようにした．マイクロハビタットの区分は，潮位と基質（砂，泥，礫，岩），さらに基質に生える海藻の種によって，干潟域で 10 区分，岩礁域で 14 区分とした．

　1995 年から 1997 年までのほぼ 2 年間にわたる干潟域と岩礁域での定期的調査から，ホソウミニナの繁殖と成長が，2 つの集団で特徴づけられた．卵は，岩礁域・干潟域ともに春から夏にかけてみつかったことから，繁殖はこの時期に行われているとみられる．なお繁殖可能サイズは殻長 15 mm 以上であり，そのサイズに到達するのは，両地域ともに 2 歳以降とみられる．この繁殖可能となる成体サイズが干潟域と岩礁域とで異なっており，干潟域では殻長 20 mm 前後になるのに対し，岩礁域では

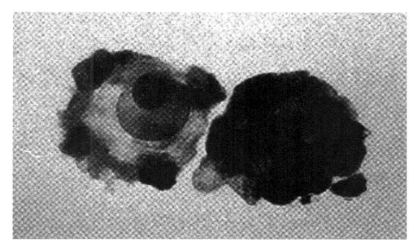

図 3-8　2 個のホソウミニナの卵嚢. 表面に砂粒が付着しており, 左の卵嚢には稚貝が入っているのがみえる

殻長 15 mm 前後となっており, 成体の最大サイズも干潟域の殻長 35 mm に対し, 岩礁域では殻長 25 mm と小さい. ただし 1 歳時の殻長は, 干潟域も岩礁域もほぼ 7 mm 前後で違いはない.

　卵から成体までの発育段階ごとに, 利用しているマイクロハビタットを干潟域と岩礁域で比較した (図 3-9). 卵は, 干潟域では, 成体の分布とほぼ同じになるが, 岩礁域では, 成体の分布よりもやや狭いところに限られる. 続く稚貝の段階では, 干潟域, 岩礁域ともに, 紅藻類のイソダンツウ *Caulacanthus okamurai* が生えた岩盤上に主に生息することが明らかになっている. 干潟域であってもホソウミニナの稚貝は, 海藻の生えた固い基質のところを好んですみ場所にしていると言える. このことは, ホソウミニナの生息できる条件に海藻の生える岩質域が存在することが重要であることを意味している.

　利用マイクロハビタットが広くなる発育段階は, 干潟域と岩礁域で大きく異なっており, 干潟域では殻長 1 mm 以下の段階から 1〜2.5 mm の段階であるのに対し, 岩礁域では亜成体 (5〜10 mm) から成体 (10 mm

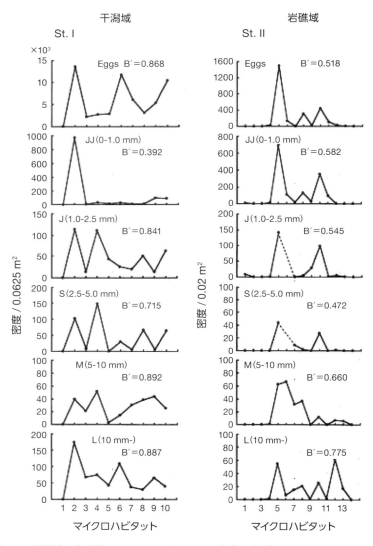

図 3-9　干潟域と岩礁域におけるホソウミニナの発育段階ごとのマイクロハビタット
　　　　ごとの生息密度．発育段階は卵と殻長で区分され（< 1 mm, 1〜2.5 mm, 2.5
　　　　〜5 mm, 5〜10 mm, 10 mm <），マイクロハビタットは基質，潮位，付着
　　　　海藻に基づいて 14 種類に類別して示した．B′ は利用マイクロハビタットの
　　　　多様度指数を示す

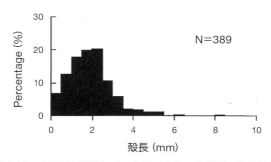

図 3-10　水面下に浮遊していたホソウミニナ稚貝の殻長頻度分布

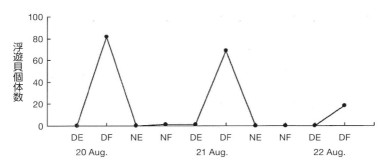

図 3-11　引き潮時と満ち潮時におけるホソウミニナ浮遊貝の出現頻度（プランクトン
　　　　　ネットによる採集個体数）．DE：昼間の引き潮時，DF：昼間の満ち潮時，
　　　　　NE：夜間の引き潮時，NF：夜間の満ち潮時

以上）の段階となった．干潟域では殻長が 5 mm 以下の稚貝が水面下に
浮遊する（図 3-10）という現象がみられており，この稚貝の浮遊がすみ
場所の分散に大きく寄与しているものとみられる．稚貝の浮遊頻度を 6
月から 10 月まで追跡したところ，干潟域では 6 月，8 月，9 月，10 月の
昼間の満ち潮時に浮遊稚貝がみられ，特に 8 月と 9 月にその頻度が高か
った．一方岩礁域では 8 月と 9 月にごく稀に稚貝の浮遊がみられただけ
であった．岩礁域で浮遊がほとんどないというのは，おそらく波浪の影
響が大きいためだとみられる．なお，この稚貝の浮遊は，昼間の満ち潮
時だけに起こり，夜間の満ち潮時にはみられない（図 3-11）．なぜ夜間

でなく昼間に浮遊するのか，その理由は考えにくい．一方，岩礁域では亜成体から成体の時期に生息場所が大きく拡がるが，その拡散は，浮遊でなく，基底上の匍匐によるものとみられる．

　ウミニナの個体群生態学は，鹿児島湾の喜入干潟で数多くの研究がなされている（若松・冨山，2000；金田ほか，2013；四村・冨山，2016；杉原・冨山，2016；吉田・冨山，2017）．それらによると，ウミニナの繁殖期は夏季で，そこから生まれた幼生が稚貝となって干潟に新規加入するのは秋季であり，その後，2年を経て2歳で性成熟に達するとされる．繁殖期や新規加入時期そして性成熟達成年齢のいずれもが，ホソウミニナと同じである．またホソウミニナと同じように成体のサイズも個体群によって異なることが明らかになっているが，ウミニナの場合は，すみ場所の底質の違いでなく，より海側に近い集団ほど大きくなる傾向がみられている（杉原・冨山，2016）．また潮位高との関係では，小型個体は大型個体よりも下方に偏って分布することが示されている（若松・冨山，2000）が，ホソウミニナでは，稚貝はどちらかというとレベルの高い地点に多いという逆の特徴をもっている（Adachi & Wada, 1999）．なお，ウミニナの寿命については，貝殻内部の成長線の分析から推定されており，最長で11歳あることがわかっている（金田ほか，2013）．一方，ホソウミニナの寿命については，侵入先のアメリカ西岸で調べられており，そこでは6年から10年という数字が示されている（Behrens Yamada, 1982）．

　ウミニナでは，個体の匍匐行動の報告もある（Abe, 1934；歌代ほか，1970）．それらによると，ウミニナの活動（匍匐行動）は潮の干満に依存しており，満ち潮時に冠水し始めてから1〜3時間と引き潮時の前後1〜2時間に匍匐行動がみられ，最満潮時や最干潮時には砂泥中に潜る個体もある．匍匐するときの方向は，満ち潮時には陸方向，引き潮時には海方向に動くものが多い．また水流があるとそれに向かって遡上する傾向があることもわかっている（Abe, 1934）．

　遺伝的集団構造に関する研究も，日本のウミニナ，ホソウミニナについて行われてきた（Kojima et al., 2003, 2004）．それによると両種とも，日

本沿岸では，大きく2つの遺伝的系統群に分かれるが，ウミニナではその2つの系統群が地域的な違いを示さないのに対し，ホソウミニナでは片方は主に太平洋沿岸域，もう片方は主に日本海沿岸域に対応した分布の仕方をしていた．ちょうど前者は黒潮の流軸に沿い，後者は対馬暖流の流軸に沿った分布である．ただし，東北の三陸沿岸，瀬戸内海，西部九州では2つの系統群が混生するところがあった．ウミニナは約20日間のプランクトン幼生期をもつのに対し，ホソウミニナは直達発生をする．この発生様式の違いはウミニナに比べてホソウミニナのほうの分散力の弱さをつくり，ウミニナにない遺伝的地域性をホソウミニナにもたらしてきたものとみられる．ホソウミニナと同じように，太平洋沿岸の地域集団と日本海沿岸の地域集団が遺伝的に大きく分かれるものが，汽水性の甲殻類アリアケモドキ *Deiratonotus cristatus*（Kawamoto et al., 2012）やシロウオ *Leucopsarion petersii*（Kokita & Nohara, 2010）などで知られている．おそらく最終氷期の海面低下時に日本海が太平洋から分断された歴史が，これらの汽水性の種の遺伝的分化に関係しているのであろう．なお，韓国沿岸のホソウミニナの遺伝的特徴が最近明らかにされている（Ho et al., 2015）が，そこでは韓国南岸，西岸の集団はほとんどが，日本沿岸の対馬暖流沿いの系統群に属するが，済州島の南岸でごくわずかに日本の太平洋沿岸の系統群のものが混じるとしている．

　ホソウミニナとされる種は，アメリカ西岸にも分布しており，現地（アメリカ）では，日本から養殖用のマガキに混じって持ちこまれた外来種としてその生態学的研究がなされてきた（Whitlatch & Obrebski, 1980；Behrens Yamada, 1982；Byers, 2000）．アメリカ西岸のホソウミニナは日本のどの地域集団に由来するのであろう．Miura et al.（2006b）は，アメリカと日本各地のホソウミニナの遺伝的特徴を比較してこれを明らかにした．アメリカのホソウミニナ集団のハプロタイプは，その多様度が低く，その特徴は日本の宮城県の集団に特徴的なタイプからなっていたのである．養殖用マガキはかつて宮城県産のものがアメリカ西岸に移出されており，その歴史とぴったり合う結果となっている．

　日本のホソウミニナには，*Cercaria batillariae* を主とする11種に及ぶ

吸虫（扁形動物）の寄生があることが知られている（Miura et al., 2005）。この吸虫に寄生されたホソウミニナは，*Hydrobia ulvae* で知られているのと同じように成長が止まらず大型化する（Miura et al., 2006a）。さらに寄生を受けた個体は，より下方に移動するようになるという（Miura et al., 2006a）。下方ほど水面下にいる時間が長くなるので，寄生者にとっては次の宿主である魚類に乗り移れる確率が上がるものとみられる。寄生者による宿主の操作が行われていると言える。

イボウミニナ —— 堆積物食と懸濁物食を両用する貝

　イボウミニナは，ウミニナ，ホソウミニナに比べると，記録される地域が比較的限られるため，環境省レッドリスト 2017 では，ウミニナよりもランクの高い絶滅危惧 II 類（VU）に指定されている。本種の日本沿岸における遺伝的集団構造を調べた Kojima et al.（2005）は，日本本土から琉球列島を通じて大きな遺伝的障壁は認められないことを明らかにしている。イボウミニナの生息場所は，ウミニナに比べてレベルの低いほうに偏った特徴をもっている（Wells, 1983）。

　本種は，ホソウミニナと同じように，アメリカ・カナダの西岸でも日本からの移入種として知られており，その生態学的研究もアメリカ・カリフォルニアで詳しく行われてきた（Whitlatch, 1974）が，日本では沖縄島の集団についての個体群生態学的研究がある（Kamimura & Tsuchiya, 2008）。アメリカでは，交尾期は 3 月から 6 月までで，特に 5 月に交尾頻度が高く，この時期に産卵もみられ，紐状の卵塊がアマモ体表上や干潟上に産みつけられるという。卵から孵化した幼生はプランクトン期を経て，6 月から 8 月にかけて干潟域への新規加入が行われるが，その場所は分布域の中でも少しレベルの高い，塩性湿地内の水溜りだとされる。イボウミニナの生息場所は，このような塩性湿地内の水溜りと周辺の水路の 2 つからなっているが，稚貝は塩性湿地内の水溜りからしかみつかっていない。殻長の成長式から，寿命は最大で 10 年という数字が出されている。興味深いのは，どの体サイズの個体でも浮遊することが観察

されていることである．ホソウミニナの浮遊は小型個体だけしかみられなかった（Adachi & Wada, 1999）が，イボウミニナは大型の成体も浮遊するようである．

　沖縄島のイボウミニナでは，春期と秋期に新規加入があり，その加入場所は分布域の中でもややレベルの高いほうのところに限られるとされる．稚貝の，高いレベルへの分布傾向はアメリカの場合と同じである．殻の成長式から最大寿命は9年としており，アメリカの10年という数字に近い．Kamimura & Tshuchiya（2008）は，生息密度の経月変化が，干潟表面を覆うアナアオサの生息量と対応しているとしているが，アメリカでも本種の生息密度がアオサ類（*Ulva* sp.）やアオノリ類（*Enteromorpha* sp.）といった緑藻類の繁茂と相関しているとしている．イボウミニナでは，他のウミニナ科の種と同じように堆積物食で餌をとるが，それだけでなく懸濁物食も行われることが知られている（Kamimura & Tshuchiya, 2004）．その懸濁物食の方法は，鰓から粘液質の紐が出され，その紐に懸濁物が取りつかれたのが口中に取り込まれるというものである．干出時には堆積物食，冠水時には懸濁物食を行っているとみられるが，かれらの摂餌活動による水塊の浄化能は，堆積物食と懸濁物食の両方を行える条件では，懸濁物食だけしかできない場合よりも高いのだろうか．Kamimura & Tshuchiya（2006）は，室内実験から，この点の評価を行ったところ，水塊の浄化能は，懸濁物食だけのほうが，堆積物食と併用される場合よりも高いという逆の結果を導いている．一方で，イボウミニナの懸濁物食は，干潟表面への有機物の堆積を促進するとしている．なお，このような懸濁物食は，同じウミニナ科のリュウキュウウミニナでもみられている．

　イボウミニナの殻上の付着生物がイボウミニナに与える影響をみた研究も知られている（Chan & Chan, 2005）．付着生物は二枚貝のカンムリガキ *Saccostrea cucullata* や甲殻類のフジツボの1種（*Balanus reticulatus*）であるが，付着生物のついた個体はついていない個体に比べて，生殖巣の発達が悪く，匍匐の仕方も異なり，付着生物のついた個体はついていない個体に比べて曲がった移動軌跡を描きやすく（図3-12），かつ移動

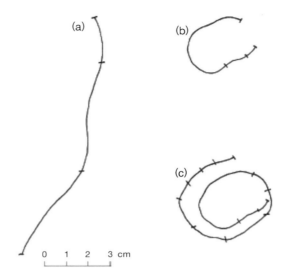

図 3-12　殻に付着生物をつけたイボウミニナ（b）（c）と付着生物のついていないイ
　　　　　ボウミニナ（a）の個体の移動軌跡，（a）と（b）は 15 分間，（c）は 60 分間の
　　　　　移動軌跡を示す（Chan, D.H.L. & Chan, B.K.K.（2005）Marine Biology, 146）

速度も遅い．また酸素消量は付着生物をつけた個体ほど高い．しかし，
生存率には付着生物の有無は関係していなかったとしている．

第 4 章

塔型の巻貝 ── その 2

.

センニンガイとキバウミニナ —— マングローブ湿地の代表種

　キバウミニナ科（フトヘナタリ科）の貝類も，ウミニナ科と同様に干潟を主な生息場所としている一群である．日本の沿岸からは，これまで10種が知られているが，このうち1種は八重山諸島から貝殻しかみつからない国内絶滅種のセンニンガイ Telescopium telescopium である．本種は殻長が10 cm 近くにもなる大型種で，インド・西太平洋域のマングローブ湿地の林内では普通にみられる（図4-1）．目立った大型種でありながら，その生態学的研究は限られており，活動周期（Lasiak & Dye, 1986；Budiman, 1988）や産卵行動（Ramamoorthi & Natarajan, 1973）を記載したものが知られているにすぎない．それによると，本種は，生息場所が満ち潮時に冠水する期間のみに活動し，日内では，昼夜に関係なく，引き潮時に活動が開始され，干上がっている間だけ匍匐等の活動がみられる．地上活動には摂餌行動だけでなく，交尾行動もある．産卵は卵塊を干潟上に産みつけることで行われるが，その卵塊サイズは幅1.5～2 cm，長さが24～49 cm にもなる長大なものである．ちなみに Budiman（1988）の研究は，私が同行したこともある東インドネシア・ハルマヘラ島でのマングローブ原生林での共同研究の一環でもあった．

　センニンガイと同じようにインド・西太平洋域のマングローブ湿地に広く分布するキバウミニナ Terebralia palustris（図4-2）は，日本だけでなくインドネシアやオーストラリア，そしてアフリカ東岸でも数多くの生態学的研究が知られている．本種はセンニンガイ同様，殻長が10 cm を超す大型の巻貝で，日本では琉球列島の中の八重山諸島のマングローブ林内に分布している．Nishihira（1983）は，本種のマングローブ落葉への摂餌行動を詳しく調べている．それによると，枯れかけた落葉だけでなく，生の葉や托葉，胎生種子も同じようにかじって食べること，ただし，殻長3 cm 以下の小型個体は葉を摂餌することがないことを明らかにしている．キバウミニナによる植物質分解能は，その高いセルラーゼ（セルロース分解酵素）活性，ヘミセルラーゼ（ヘミセルロース分解酵素）活性からも裏づけられている（Niiyama & Toyohara, 2011）．キバ

図4-1　タイのマングローブ湿地でみられるセンニンガイ *Telescopium telescopium*

図4-2　マングローブの落葉に群がるキバウミニナ *Terebralia palustris*

図 4-3　フトヘナタリ *Cerithidea moerchii*

ウミニナによる旺盛なマングローブ落葉への摂餌行動は，マングローブ生態系の重要な分解者であることを示しており，その摂餌活動が，アフリカのケニアやモザンビークの個体群について詳細に調べられてきた（Slim et al., 1997；Fratini et al., 2000, 2001, 2004, 2008；Pape et al., 2008；Penha-Lopes et al., 2009）．そこでも，Nishihira（1983）の観察と同様，小型個体は落葉を摂餌せず干潟表面の堆積物食を行うという違いが明らかにされるとともに，そのような摂餌習性の違いに対応して，小型個体はオープンな干潟部かその周辺に分布するのに対し，大型個体はより高位の林内を中心に分布するという違いが示されている．本種の大型個体は落葉に対して集合して摂餌する（図 4-3）ことがよくみられるが，それは葉を摂餌している個体が他個体を誘引する効果があるためとされている（Fratini et al., 2001）．さらに本種の摂餌活動は干出時も冠水時も行われ，その摂餌活動への誘引物質は，干出時は空気に媒介されるもの，冠水時は水に媒介されるものであることもわかっている．

沖縄県のマングローブ湿地には，キバウミニナと同属の種マドモチウ
ミニナ Terebralia sulcata がいるが，不思議なことに本種は沖縄島の北
部だけにしかみられない．つまり同属のキバウミニナとは地理的にすみ
わけしているのである．マドモチウミニナは中国南岸から東南アジアに
かけて広く分布するにもかかわらず，日本ではこのような局限された分
布の仕方をしている．干潟性の底生動物で，琉球列島の中では沖縄島だ
けしか分布しないのは，トビハゼ Periophthalmus modestus，トカゲハゼ
Scartelaos histophorus，シオマネキ Tubuca arcuata，マテガイ Solen strictus
といった種が上げられるが，このうちトビハゼ，シオマネキ，マテガイ
は大陸の大型内湾を主な分布域とするもの（大陸遺存種）で，トカゲハ
ゼが，マドモチウミニナ同様，琉球列島以南から東南アジアにかけて広
く分布するものである．大陸遺存種が沖縄島だけに残っているというの
は理解しやすいが，琉球列島以南に分布が拡がる種で，琉球列島内での
分布が沖縄島に限られる理由というのは想定しにくい．

ヘナタリとカワアイ —— 干潟の絶滅危惧種

　キバウミニナとマドモチウミニナ以外のキバウミニナ科の日本産種は，
最近その学名が大幅に変更された．これらを整理しておこう．日本の本
土沿岸から琉球列島に広範囲に分布するフトヘナタリ（図 3-5, 4-3）は，
これまで Cerithidea rhizophorarum とされていたが，これが Cerithidea
moerchii となった（Reid, 2014）．有明海と周防灘の沿岸だけにしか分布
していないシマヘナタリ（図 4-4）は，Cerithidea ornata とされていた
が，これが Cerithidea tonkiniana とされ（Reid, 2014），この 2 種以外に
Cerithidea 属にされていたクロヘナタリ（図 4-5），ヘナタリ（図 3-5,
4-6），カワアイ（図 4-7）は別属とされた．すなわち，クロヘナタリは，
Cerithidea largillierti から Cerithideopsis largillierti に（Reid & Claremont,
2014），ヘナタリは，Cerithidea cingulata から Pirenella nipponica に（Reid
& Ozawa, 2016），カワアイは，Cerithidea djadjariensis から Pirenella
pupiformis に（Reid & Ozawa, 2016），それぞれ変更された．また琉球列

図 4-4　シマヘナタリ *Cerithidea tonkiniana*

図 4-5　クロヘナタリ *Cerithideopsis largillierti*

図 4-6　ヘナタリ *Pirenella nipponica*

図 4-7　カワアイ *Pirenella pupiformis*

島の八重山地方でヘナタリとされていたものは，沖縄島以北のヘナタリと遺伝的に大きく違っていることが，Kojima et al.（2006）により指摘されていたが，ヤエヤマヘナタリ *Pirenella asiatica* という別種にされた（Reid & Ozawa, 2016）．さらにカワアイ類似の新種ヌノメヘナタリ *Pirenella cancellata* が，伊勢湾と熊本県から記録されている（Reid & Ozawa, 2016）．

　日本のヘナタリの学名として長年使われてきた *cingulata* という種は，東南アジアからインドまでの熱帯アジアに広く分布するものだけになったが，この種名のものを対象にした生態学的研究は，フトヘナタリ科の種では最も多い．フィリピンでは，サバヒー *Chanos chanos* の養殖池で悪影響を与える動物として，その駆除を目的とした生活史把握の研究が行われている（Lantin-Olaguer & Bagarinao, 2001）．それによると，成体の性比は雄が雌の半分しかないこと，主な繁殖期は4月から8月までで，卵塊が基底に産みつけられ，そこから6〜7日で幼生が孵化し，11〜12日の浮遊期を経て定着する（8〜10月）としている．シンガポールの砂質干潟では，本種の分布様式の経月変化が詳しく調べられ，本種は潮間帯の中下部に分布ゾーンがあるが，4〜6月に産卵活動に伴って分布がやや上方に偏ることなどが明らかにされている（Vohra, 1970）．ホンコンでも潮間帯下部に分布する特徴が明らかにされている（Wells, 1983）が，ここで *Cerithidea cingulata* としている種はヤエヤマヘナタリであろう．インドでは，本種の帯状分布が個体の移動習性とともに調べられ，冠水時には上方への移動特性があり，反対に干出時には下方への移動特性があるとしている（Balaparameswara Rao & Sukumar, 1982）．また本種の食性については胃内容物の調査より，砂泥中のデトリタスを主な餌分としていることが示されている（Sreenivasan, 1995）．底質に対する選好性も調べられており，泥だけや砂だけの底質よりも泥混じりの砂質が好まれるという（Balaparameswara & Sukumar, 1981）．

　一方，日本で *Cerithidea cingulata* とされてきた種 *Pirenella nipponica*（和名ヘナタリ）の生態学的な研究は，個体群組成の季節変化を追ったもの（大園ほか，2016），分布に関するもの（山本・和田，1999；若松・冨山，2000），そして堆積物食の基質への効果を実験的に調べたもの

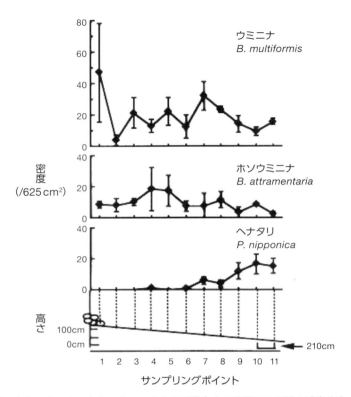

図 4-8 ウミニナ, ホソウミニナ, ヘナタリが混生する干潟での 3 種の垂直分布. 縦棒は標準偏差を示す

（Kamimura & Tshuchiya, 2004）が知られている．本種は，垂直分布では潮間帯の中下部を占め（図 4-8），底質としては泥質または砂泥質のところに多い（山本・和田, 1999）．小型個体は分布ゾーンの下部に偏ることが知られていた（若松・冨山, 2000）が，大園ほか（2016）は，着底直後の稚貝が干潟周囲の潮下帯から大量にみつかることを明らかにしている．この潮下帯への着底が夏の終わりから秋にかけて行われ，引き続く春から夏にかけて稚貝の干潟部への上陸があって，成長を続け，満 2 歳で繁殖に参加するという生活史が推定されている（大園ほか, 2016）．本種は

淡水の影響の強いところに多く分布する傾向があることから，その塩分濃度に対する耐性実験が調べられているが，それによると淡水に近い条件での耐性がウミニナ類と比べると高いことが示されている（山本・和田，1999；若松・冨山，2000）．なお本種は近年，日本各地で数を減らしており，環境省のレッドリスト2017でも準絶滅危惧種に指定されている.

　カワアイは，ヘナタリよりも日本沿岸ではその分布がさらに限られ，環境省のレッドリスト2017では，絶滅危惧II類に指定されている．本種の生態学的研究は，個体群組成の季節変化を追ったものが知られている．鹿児島湾内のマングローブ湿地で本種の分布と体サイズ組成の経月変化を追跡した若松・冨山（2000）によると，分布ゾーンは潮間帯の中下部で，ほぼヘナタリと重なること，また小型個体はその中でもより下方に分布が偏ることが明らかになっている．大園ほか（2016）は，ヘナタリと同じように，着底直後の稚貝を，秋季に干潟域周辺の潮下帯から大量に見出している．若松・冨山（2000）も大園ほか（2016）も産卵活動を観察していないので繁殖期がいつ頃になるかはわからないが，秋にみられた新規加入群の出現からみておそらくその前の夏季に繁殖期があったものとみられる．私は，本種が三日月状の卵塊を基質上に産みつけるのをみたことがあり，この卵塊を確認できれば繁殖期は特定できよう．潮下帯に出現した稚貝は冬季から春季にかけて干潟部に上陸し，成長を続け，満2歳の夏に繁殖に参加するとしている（大園ほか，2016）．一方淡水に対する耐性は，フトヘナタリやヘナタリに比べると，カワアイは弱いようである．ホンコンでも本種の分布が調べられている（Wells，1983）が，その垂直分布は，ヘナタリ（＝ヤエヤマヘナタリ）よりも高い位置にきて，ヘナタリとの分布の重複度が極めて低くなっている．本種は，塩性湿地内でできる水溜りを好んで生息する特徴をもっており，干出時でも水分が残りやすい条件のところが本種の生息に必要なのではないかと思われる．なお，干潟がほとんどない日本海沿岸でも，本種がみつかることがある．私は京都府の久美浜湾湾奥の水深約1m未満の泥底からイボウミニナとともに採集したことがある（和田，2015）.

フトヘナタリ —— 塩性湿地の代表種

　キバウミニナ科の中で，日本の沿岸で最も北（東北地方）まで分布するのがフトヘナタリである．本種は，既述の通り，長い間 *Cerithidea rhizophoraum* の学名で通用していたが，Reid（2014）により，日本産のものは，韓国，中国，台湾，ベトナムにも分布する *Cerithidea moerchii* とされ，*Cerithidea rhizophorarum* は，フィリピンだけに分布する種に適用されることになった．

　フトヘナタリの生息場所は，潮間帯の上部域の植生がみられるゾーンが中心である（山本・和田，1999；若松・冨山，2000）．この分布特性は，冠水をきらう特性に現れており，水面下に置かれた場合に水面外に出る頻度は，ヘナタリやウミニナ科の種よりも明らかに高い（山本・和田，1999）し，乾燥条件への耐性も，ヘナタリ，カワアイ，ウミニナよりも明らかに高い（若松・冨山，2000）．

　フトヘナタリの成長を野外個体群で追跡したのは Ota et al.（2013）である．晩夏に干潟下部に新規加入した稚貝は，翌々年の秋頃成体サイズにまで成長し，その翌年の夏季，つまり 3 歳になって繁殖に参加するようになる．繁殖活動は，大滝ほか（2001），和田・西川（2005），Takeuchi et al.（2007），Onoda et al.（2010）などで詳しく報告されている．雄が雌の上に乗りかかる交尾行動は夏季にみられ，そこでは雄個体から雌個体に精包が送られて交尾が成立する（大滝ほか，2001）．乗りかかりの時間は 11 分から 74 分までだが，精包の受け渡しはわずか 20〜25 秒しかない（Onoda et al., 2010）．交尾ペアーの性を調べたところ，その 65％は上に乗っているのが雄，下は雌となっており，少ないながらも雄同士，雌同士，雌が上で雄が下という組み合わせもみられた（Takeuchi et al., 2007）．交尾ペアーの体サイズは，上の個体より下の個体のほうが大きい場合がほとんどだが，両者の体サイズには相関性は見出されていない（Takeuchi et al., 2007）．産卵は夏季にみられ，卵塊が基質上に産みつけられるが，その場所は，分布域の上部に限られる（和田・西川，2005）．なお交尾も分布域の上部で行われる傾向がみられる（和田・西川，2005）．産みつけ

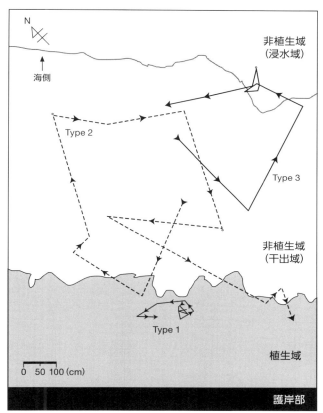

図 4-9　7 月 17～30 日に観察されたフトヘナタリの経日移動の 3 例．植生域内に限られた移動をする個体（Type 1），植生域と非植生域の両方にまたがって移動する個体（Type 2），非植生域に限られる個体（Type 3）が認められる

られた卵からは，5 日ほどで浮遊幼生が孵化し，24 日ほどで基底に着底したという観察例がある（木村ほか，2000）．

　繁殖期の 7 月の 2 週間にわたり，個体の移動を個体識別して追跡したところ，移動様式には，植生域内に限られるもの，植生域と非植生域の両方を利用するもの，そして非植生域だけに限られるものと，3 つのタイプが認められた（図 4-9）（和田・西川，2005）．その移動距離は，経過

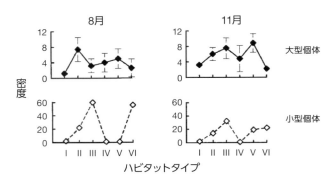

図 4-10　ハビタットタイプごとのフトヘナタリ大型個体（殻幅 10 mm 以上）と小型個体（殻幅 10 mm 未満）の生息密度．ハビタットタイプ（I〜VI）は，潮位高，底質，植生によって区分されている．生息密度は 25 cm×25 cm 当たりの個体数で示す．縦棒は標準偏差を示す．MTL：平均潮位

日数にかかわらずほぼ一定で，植生域では1〜3 m，非植生域では2〜5 mなっていた．つまり各個体の活動域は，ほぼこの範囲内に限定されており，各個体は固定したすみかをもたないにもかかわらず，一定の行動圏をもっていると言える．

　小型個体と大型個体との間にも，生息場所に違いが認められている．本種の稚貝は，成貝に比べてみつかる個体が少ないが，それでも分布域の下方かあるいは上方でも水分が残る水溜りで小型個体が確認されている（図 4-10）（和田・西川，2005）．小型個体が分布域の下方で限定的にみられるのは，大滝ほか（2001）や Ota et al.（2013）でも確認されている．準絶滅危惧種とされる本種の保全に当たって，その生息場所環境として維持されなければならないのは，干潟の高位にあっても水分が残りやすい稚貝の好む条件のところを残すことであると言える．

　フトヘナタリの食性については，分布北限に近い宮城県松島湾での体

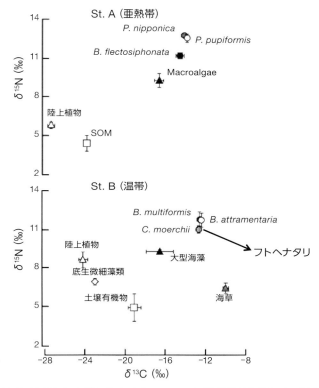

図 4-11　沖縄（上図）と本州東北（下図）における干潟性巻貝各種とその餌分となりうるものの炭素・窒素安定同位体比の散布図．フトヘナタリは大型海藻と海草に比較的近い位置にくる（Doi, H., Matsumasa, M., Fujikawa, M., Kanou, K., Suzuki, T. & Kikuchi, E.（2009）Journal of the Marine Biological Association of the United Kingdom, 89）

　組織の安定同位体比（δ13C／δ15N）による解析から知られている（Doi et al., 2009）．フトヘナタリはヨシやマングローブ植物の生える領域を中心に分布しておりながら，これらの陸上植物由来の有機物は主たる餌分にはなっておらず，アナアオサ *Ulva pertusa* などの大型海藻やアマモなどの海草類が主要餌分という（図 4-11）．同じ場所にみられるウミニナやホソウミニナも大型海藻と海草が主要餌分となっている．私は，ウ

ミニナやホソウミニナが干潟上のアナアオサに密集しているのをみたことはあるが，フトヘナタリで大型海藻を食べているような状況に遭遇したことがなく，フトヘナタリが海藻食というのが不思議である．ちなみに Doi et al.（2009）は，沖縄島でのマングローブ湿地のリュウキュウウミニナ，ヘナタリ，カワアイについても同様に，その餌分はアオノリ類 Enteromorpha などの大型海藻としている．

フトヘナタリの分布するゾーンは，潮間帯の上部に限られることから，ヨシやマングローブ植物の生えたところと重なる．そのため本種には，これら植物体上に登るという行動がみられる．その木登り行動は，年中観察されるが，冬期に頻度が高い（若松・冨山，2000；Takeuchi et al.，2007）．また日中では満潮時に増え，干潮時に減るという特徴もみられる（Takeuchi et al.，2007）．なぜ気温の低い時期によく植物体上に登るのか，その適応的意義はよくわかっていない．

タケノコカワニナ —— 汽水域上端に住む貝

カワニナ科 Semisulcospiridae の貝は淡水域だけに生息するが，同じオニノツノガイ上科 Cerithioidea のトウガタカワニナ科（トゲカワニナ科）Thiaridae は，汽水域に生息する種を含んでいる．日本産の種としては 13 種知られているが，その半数近くが絶滅危惧種とされており，タケノコカワニナ Stenomelania rufescens（図 4-12）もそのひとつとされる．本種は本州南西部，四国，九州の一部の地域の河川汽水域からしか知られていない稀少種であるが，奄美大島以南に分布するムチカワニナ Stenomelania crenulata と遺伝的に区別できないため，これと同種とされた（Hidaka & Kano, 2014）．同種になると，学名は古いほうが優先されるので，rufescens という種小名は無効となってしまう．しかし，日本本土産のものと奄美大島以南のものとの間には形態的な違いが認められており（Hidaka & Kano, 2014），環境省レッドリスト 2017 においても，本土産のものはムチカワニナとは別に，タケノコカワニナとして絶滅危惧 II 類（VU）に指定されていることから，ここでも本土産の本種 Stenomelania

図 4-12　タケノコカワニナ *Stenomelania crenulata*

crenulata をタケノコカワニナと称して，奄美大島以南のものとは区別して扱うことにする.

　まさにタケノコのような形をした本種を初めて目にしたのは，和歌山県の富田川河口域のワンドであった．そこは，たくさんのタケノコカワニナとともに，二枚貝のヤマトシジミやカニ類のアリアケモドキといった汽水域固有のベントスがみられるところでもあった．タケノコカワニナは，和歌山県沿岸ではその後，有田川や西広川などでみつかっているが，いずれも汽水域の上端部に限られている．しかし同じように汽水域を中心に分布するイシマキガイとは異なり，淡水域を遡上するようなことはみられない．つまり汽水域の上端部にかなり特化した貝と言える．汽水域の上流部に限定された分布は，成長や季節によっても変わることがないのだろうか．タケノコカワニナの分布する和歌山県北部の西広川は，河口部から汽水域上端までが比較的短距離で，その間の底質が礫混じりの砂泥質という共通した特徴をもっており，川の流路に沿った分布,

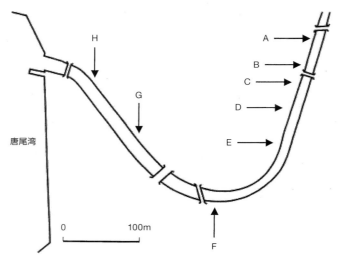

唐尾湾

0   100m

図4-13　和歌山県西広川河口域におけるタケノコカワニナ調査地点（A～H）の位置

　いわゆる流程分布をみるのに格好の場所となっている．そこで，この河口域で本種の流程分布を季節的に追いかけることにした．すなわち，本種の主要分布域である汽水域上端部から河口部までをカバーした調査地点を設け（図4-13），地点ごとの生息密度を春，夏，秋の3季に調査したのである（岡崎・和田，2007）．

　タケノコカワニナの分布している地点（A～D）の塩分濃度は，季節によってやや増減はあるもののほぼ淡水に近い0.1～3.3‰で，それより下流部では0.1～21.9‰と海水に近い値が示されるときもあった．主要分布域はAからCまでであるが，春季のみ，下流側のDまで分布が伸びた（図4-14）．その分布域内でも，体サイズ組成は地点間で大きく異なっていた（図4-14）．小型個体が数多く加入してくる11月では，それらの新規加入群は主に分布域の最下流部であるCで主にみつかっている．一方，上流部のAやBでは，大型個体が主に占めていた．春季や夏季では，秋季にみられた小型個体が成長したとみられる中型個体が，CやDといった下流部を占め，大型個体は上流部のAやBでみられていた．小

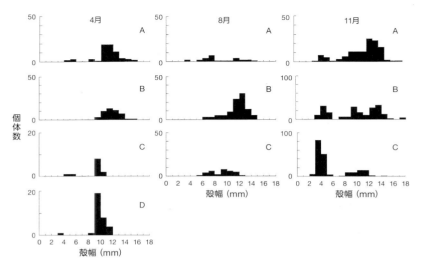

図4-14 地点 A, B, C, D におけるタケノコカワニナの殻幅組成の季節変化

型個体から成長するにつれ，より上流に分布を伸ばしていることがうかがえる．本種は浮遊幼生を出すが，その期間は海水下で約２週間，汽水下ではそれが短縮されるとされている（Hidaka & Kano, 2014）．幼生は河口を離れて海域ですごした後，上げ潮に乗って河川に入り，汽水域上流部のC付近で基底に定着し，稚貝となるものとみられる．

　本種の塩分濃度に対する耐性実験を大型個体と小型個体に分けて調べた（図4-15）（岡崎・和田，2007）ところ，海水濃度では２〜３日で死亡するものが現われ，25日までに全個体が死亡することがみられたが，半海水では30日間で死亡があったのはごくわずかで，さらに1/4海水と淡水では死亡はまったく観察されなかった．また海水下で全個体が死亡した経過日は，大型個体のほうが小型個体よりも短く，海水に対する耐性が大型個体ほど弱いことがうかがえる．塩分濃度への耐性の特性が，本種の分布を汽水域上端部に限っている理由になっていると言ってよい．また大型個体が小型個体よりも，より上流域に分布が限られるのも，大型個体のほうが小型個体よりも海水をきらう傾向が強いことと結びつい

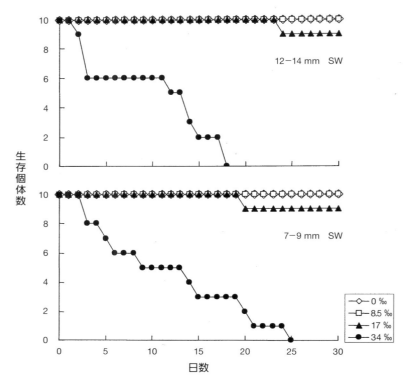

図 4-15　淡水から海水までの 4 塩分条件下でのタケノコカワニナの生存率. 殻幅 7
〜9 mm の小型個体（下図）と殻幅 12〜14 mm の大型個体（上図）に分けて示した

ている. なおイシマキガイでも, 海水下のほうが, 淡水下よりも死亡し
やすいことが示されており（既述）, これは, 汽水域上端に分布する貝
類の共通した特徴なのだろう.

第 **5** 章

微小貝

ワカウラツボ —— 泥に埋没した石下に生きる稀少貝

　ワカウラツボ *Wakauraia sakaguchii*（図 5-1）は，クビキレガイ上科 Truncatelloidea ワカウラツボ科 Iravadiidae に属する殻長 6 mm 未満の茶褐色からピンク色をした稀少貝である．1954 年に Kuroda & Habe（1954）により，和歌山市和歌浦をタイプ産地として *Fairbankia*（*Wakauraia*）*sakaguchii* の学名で新種記載された．その後 *Iravadia*（*Fairbankia*）*sakaguchii* として通用されていたが，Golding（2014）により，*Iravadia* とは別の属 *Wakauraia* に移された．*Wakauraia* 属には，他にもう 1 種 *Wakauraia fukudai* が含まれるが，その種はオーストラリア東北岸に分布しているものである．

　ワカウラツボは，発表された後，その和名や属名の由来である和歌浦からは絶滅したものとされ，かつ他の地域からも見出せなく，幻の貝とまで呼ばれてきた（木村，1987）が，1987 年以降，三河湾や伊勢湾，瀬戸内海，有明海などでみつかり，そして 1999 年にはタイプ産地の和歌浦（和歌川河口域）で再発見された（木邑ほか，2001）．西南日本から知られるようになっているものの，その記録されるところは依然として少なく，環境省のレッドリスト 2017 では，絶滅危惧 II 類（VU）に指定されている．

　ワカウラツボがみつかったところは，和歌川河口域に流入する小河川や水路の護岸縁の転石下であった．いずれも泥に半ば埋もれた石の裏から見出されている．日本の他の地域でも，岸部に近い砂中や泥中に半ば埋もれた石の下からみつかっており（福田ほか，1990），そのようなすみ場所がかれらの共通した特徴である．泥中に埋もれた石の下が彼らのすみ場所なら，かれらはほとんど地上に現れることなく，ずっと同じ石の下で生活し続けるものだろうか．そこで室内の潮汐水槽にかれらを飼育し，潮汐周期に伴ったかれらの活動内容を追跡してみた（小林ほか，2003）．潮汐水槽では，潮の干満を野外に合わせて水没と干出を定期的に繰り返す条件をつくり出している．観察したところ，かれらは冠水している間に石下から現れるものがあり，それは昼夜とも夏も冬もみられ

図 5-1　石裏につくワカウラツボ *Wakauraia sakaguchii*

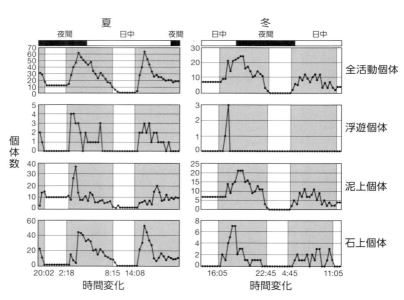

図 5-2　室内で観察された潮汐周期に伴うワカウラツボの活動パターン．かくれがの石裏から石上に出てきた個体，石のそばの泥上にいた個体，水面下で浮遊していた個体に分けて，その個体数の時間変化を示した．石上の個体，泥上の個体，浮遊個体の合計が全活動個体となる．図中の暗部は冠水時，明部は干出時を示す

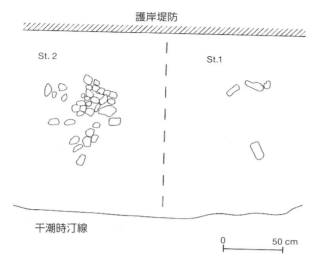

図 5-3　ワカウラツボの移動を追跡した 2 つの調査地（St. 1, St. 2）における転石の配置

た（図 5-2）．石下から現れた個体は，水面下に浮くもの，石上を這うもの，さらに石外の泥上を這うものが認められた．

　このことから，本種は決して特定の石下に固定されたすみ方をするのでなく，冠水時に石上に現れることで他の石にも移動していることが考えられる．そのことを検証するため，野外で各個体をペイントマーカーでマークし，各個体が住みつく石を経日的に追跡してみた（小林ほか，2003）．マークする場合，開始時に同じ石の下にいる個体は同じ色を施すようにした．マーク個体を追跡した区域は 2 つ設定し，ひとつは転石がごくわずかしかないところ（St. 1），もうひとつは約 35 個の転石が密集しているところ（St. 2）である（図 5-3）．4 月から 9 月までの 5 か月間追跡したところ，観察開始時に住んでいた石に居残る個体は徐々に減少し，St. 2 では，4 か月目の 8 月以降はそのような個体はゼロとなった（図 5-4）．石を換えた個体の石間移動距離を St 2 で求めたところ，経過日数にかかわらず，その平均値は 20〜26 cm となった（平均±標準偏差：

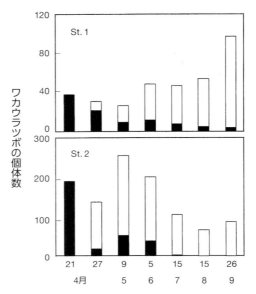

図 5-4　ワカウラツボ各個体がすみかとしている転石の変遷．4 月 21 日の観察当初に
すみかにしていた転石に残存した個体（黒部）と移出した個体（白部）の割合
を，9 月 26 日までの 6 期について，2 つの調査地（St. 1, St. 2）に分けて示した

6 日後，20.2±8.6 cm，18 日後，25.9±11.7 cm，44 日後，22.8±9.0 cm）．
すなわち，ワカウラツボ各個体は，ほぼ 20〜26 cm の範囲内を動き回っ
て生活していると言える．

　和歌川河口域でみつかったワカウラツボの生息地の環境条件を特徴づ
け，その条件に対する選好性を様々な方法で検討してみた（小林ほか，
2003）．生息地周辺の水塊塩分濃度は，1.6〜29.4‰で，淡水に近い状態
から海水に近い濃度まで幅広い範囲を変動していることがわかった．塩
分濃度耐性実験を，0, 5, 10, 20, 30, 35‰の条件下での生残を 13 日間み
ることで行ったところ，10‰以下の条件では死亡するのに対し，20‰以
上では全個体生き残ることがわかった（図 5-5）．また 10‰以下でも，塩
分濃度が低いほど早期に死亡することもわかった．つまり本種は，淡水
に近い状態から海水まで幅広い塩分濃度の変動を受ける汽水域におりな

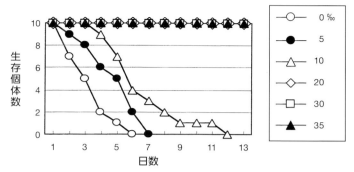

図 5-5　淡水から海水までの 6 条件下でのワカウラツボの 13 日間の生存率

がら，10‰以下になるような条件が長期間続くと生存は困難になるのである．淡水条件での生存率が海水条件での生存率よりも高いタケノコカワニナやイシマキガイとは逆の特性をもっているのである．

　ワカウラツボ生息地の潮位高は，平均海水面に対して－39 cm から＋20 cm までの範囲にあった．そのレベルはほぼ中潮帯に位置すると言える．では，このレベルよりも低いところでは住めないのかどうかを移植実験により検討した（小林ほか，2003）．生息地近くの干潟の中潮帯付近（平均潮位に対する高さ：－19 cm）と低潮帯付近（同：－53 cm）にレンガを 5 個ずつ設置し，各レンガ下に標識したワカウラツボ 10 個体を放逐し，3 週間後の残存個体数，死亡個体数をみてみた．レンガ当たりの残存数は，中潮帯のほう（平均±標準偏差＝4.8±2.4，N＝5）が，低潮帯（0.4±0.9，N＝5）よりも有意に高かった．死殻数からみた死亡数は，低潮帯（平均±標準偏差＝2.8±0.8，N＝5）のほうが，中潮帯（0.4±0.5，N＝5）よりも有意に多かった．潮間帯下部はワカウラツボにとっては住みづらいところであることが示された．

　底質への選好性はどうであろう．生息地の底質は，シルト・粘土含量が16.3～73.4%と非常に高いことがわかっている．つまり砂ではなく泥である．そこで砂と泥に対する好みの違いを検証してみた．レンガを野外のワカウラツボ生息地内に 2 個ずつ 10 セット設置し，2 個のひとつの

下部は砂を敷き，もうひとつの下部には泥を敷き，2週間後に各レンガ下へ移入していたワカウラツボの個体数を調べた（小林ほか，2003）．その結果は，泥のほう（平均±標準偏差 = 12.6 ± 12.3, N = 10）が，砂（2.2 ± 4.0, N = 10）よりも有意に多かった．砂よりも泥を好む傾向は，さらに室内実験からも認められた．シャーレに砂と泥を半々に敷き，境界域にワカウラツボ1個体を放して2時間後の位置をみたところ，試行20個体のうち泥を選んだのが17個体で，砂を選んだのは3個体であった．生息地のもっている条件である泥質のほうを，砂質よりも好むことが確認された．

では，ワカウラツボの生息している条件の中の，石の埋没性についてはどうであろう．ワカウラツボがみつかる石はいずれも1cm〜10cmほど埋没していることから，埋没性がすみ場所の選好性にかかわっている可能性があろう．野外のワカウラツボ生息地に，レンガを2個ずつ10セット設置し，2個のひとつは3cmほど埋没させ，もうひとつは埋没させずに泥上にそのまま設置するようにし，15日後にレンガ下へ移入していたワカウラツボの個体数を調べた（小林ほか，2003）．結果は，埋没レンガ（平均±標準偏差 = 12.8 ± 9.2, N = 10）と非埋没レンガ（9.2 ± 7.3, N = 10）の間で，レンガ当たりの移入数に違いはなかった．では，残存数ではどうだろう．移入数を調べた実験と同じように，レンガを2個ずつ10セット，野外の生息地に設置し，各レンガ下には標識したワカウラツボ10個体を放ち，14日後の残存数をみてみたところ，埋没レンガ（平均±標準偏差 = 1.8 ± 3.3, N = 10）と非埋没レンガ（3.1 ± 2.6, N = 10）の間で有意な違いは見出せなかった．すなわち，ワカウラツボは半ば埋没した石の下からみつかるが，埋没か非埋没かは，かれらのすみ場所選択に必ずしも影響するものではなかったのである．

ワカウラツボの生活史と個体群動態

和歌山市の和歌川河口でワカウラツボが再発見された1999年当時，その生息数は，稀少種であるのにかかわらず広範囲に相当数が認められて

図5-6　ワカウラツボの生活史を追跡した調査地（和歌山市紀三井寺川）

いた．そこで一定地域内のワカウラツボの個体数と体サイズ組成，それに繁殖活動の季節変化を追跡することにした（Kobayashi & Wada, 2004）．ワカウラツボは，干潟上の石の下にしかいないので，調査域内のすべての石を調べることで全個体を追跡することが可能である．定期的にすべての個体の体サイズを測り，それを元の石の下に戻すことで個体群の動態を正確に追跡することができるだろう．ベントスの個体群動態を調べる場合，通常は，その種の集団内から一部を取りだしてそのデータで集団の特徴を代表させる．ワカウラツボの場合，分布が個々の石に依存しているので，この特性を利用して調査地の石をすべチェックすることにより調査域内の全個体を追跡することが可能になる．調査域は約300 m ×5 m の干潟域（図5-6）で，その中に互いに飛び離れた3つの生息域（石が泥表面を覆うところ）がある．このうち両端の地域（St. 1, St. 3）は，石が複数存在する（St. 1：32個，St.3：181個）のに対し，真ん中の地域（St. 2）は50 cm 四方のコンクリート板が1枚あるだけのところである．

本種の繁殖活動については，交尾行動や産卵行動は一切観察すること
ができなかった．そこで雄雌それぞれを解剖して，その生殖巣の発達程
度を調べてみたところ，最もよく発達した生殖巣が頻度高くみられるの
は夏季の6〜7月であった．この頃に繁殖活動の盛期があるものとみら
れる．また最も発達した生殖巣をもつのは，雄で殻長3.9 mm以上，雌
で4.0 mm以上であった．

　2000年の8月に調べられた個体数は，St. 1で234個体，St. 2で52個
体，St. 3で1438個体であった．しかしその数は年とともに減少し，St.
2では2003年にゼロとなり，St. 3でも2009年には1個体もみられなく
なった．2009年ではSt. 1でわずかに7個体がみつかったにすぎない．
そして10年後の2010年には全域でもわずか27個体を数えるだけとな
った（和田ほか，2011）．2000年から2002年までの個体群の体サイズ組
成を各St. ごとにみてみよう（図5-7）．これによると殻長3〜5 mmのグ
ループがどの月にも最も数多く，これとは別に，1〜2 mmの小型個体の
グループがSt. 1とSt. 2で8月以外の月で認められる．6〜7月が繁殖期
であったとすれば，10月頃に出現するこの小型個体は，その年に生まれ
の新規加入群とみなされる．その群は少ないながらも，翌年の春から6
月にかけてみられ，それが8月には繁殖可能サイズに成長し，大型個体
のグループに混じってしまうことがうかがえる．いずれにしても新規加
入群の数は極めて少ないのがこの貝の特徴のようである．ただし，2000
年の8月のヒストグラムだけは小型個体の数が結構多く，その前年の加
入数の多さを物語っている．しかし，2000年以降の10年間は，そのよ
うな新規加入群は極めて少ないままであった．10年の間に急激に個体数
を減らした原因は，新規加入数が毎年少なかったこととみてよかろう．

　一方，寿命については，St. 2から推定することが可能である．なぜな
らSt. 2は新規加入群が認められず，しかも成体の他地域からの移入も考
えにくい集団とみられるからである．だとすると，St. 2に2002年の8月
にいた個体は，2000年4月に生きていた個体とみなされる．そして2000
年4月の集団は若い個体でも前年生まれとみられることから，これらの
個体は少なくとも3年は生きていることとなろう．寿命が3年というの

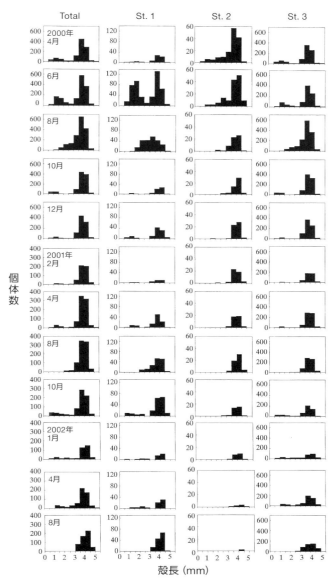

図 5-7　3 つの調査地（St. 1, St. 2, St. 3）におけるワカウラツボ殻長組成の 2000 年 4 月から 2002 年 8 月までの経月変化

は，ワカウラツボと同じような小型の巻貝で知られている寿命としては長いほうである．たとえば近縁のミズツボ科の *Hydrobia* 属の種では，1〜2.5 年という数字が上がっている（Fish & Fish, 1974；Drake & Arias, 1995；Sola, 1996；Cardoso et al., 2002）．寿命が比較的長いながらも，毎年の新規加入数が極めて少ないことで個体群が衰退しやすいというのが，本種のもっている個体群特性なのかもしれない．

カワザンショウ科 ── 塩性湿地の微小貝

カワザンショウ科 Assimineidae は，ワカウラツボ科やミズツボ科と同じクビキレガイ上科に属する小型巻貝である．温帯の塩性湿地や熱帯のマングローブ湿地内で数多くの種が適応放散しており，日本だけでもその種数は 50 を下らない．しかし，その生態学的研究は極めて少ない．代表的なものは，宮城県の蒲生干潟におけるカワザンショウ（図 5-8）とクリイロカワザンショウ *Angustassiminea castanea*（図 5-8）の生活史や分布（Kurata & Kikuchi, 1999, 2000）それに餌内容（Kurata et al., 2001）を扱ったものと，茨城県水戸市の涸沼水系におけるカワザンショウの分布と個体群構造を調べたもの（田代ほか，2001）がある．蒲生干潟では，カワザンショウもクリイロカワザンショウもヨシ原内に限って分布しており，その中でもカワザンショウは下方寄り，クリイロカワザンショウは上方寄りにすみわけが認められている（図 5-9）．これに対し，涸沼水系のカワザンショウの垂直分布は，潮間帯から潮下帯の水深 40 cm 付近までの泥地または礫地となっており，潮間帯上部のヨシ原に限定された分布の仕方ではない．涸沼水系では流路に沿ったカワザンショウの分布も調べられており，それによると河口付近から淡水に近い最上流部まで幅広く分布している．田代ほか（2001）では，このほかに，殻色の生息場所ごとの違いも調べられている．興味深いのは，開けた礫地では，地色が黄色で茶色の色帯がある型が多く，ヨシ原内では色帯がなく茶褐色の型が多い傾向がみられることである．

Kuroda et al.（2003）は，6 種ものカワザンショウ科がみられる徳島市

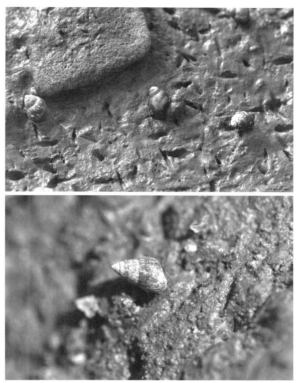

図5-8 カワザンショウ *Assiminea japonica*（上図）とクリイ
ロカワザンショウ *Angustassiminea castanea*（下図）

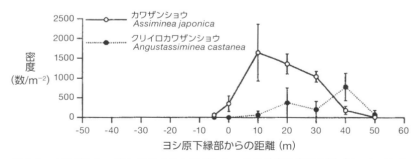

図5-9 カワザンショウとクリイロカワザンショウの垂直分布の1例（Kurata, K. &
Kikuchi, E.（1999）Ophelia, 50）

の吉野川河口域において，流程分布と垂直分布をこれらの種間で比較している．ここでもすべてのカワザンショウ科の種は，潮間帯上部から潮上帯にかけてのヨシ原内に分布は限られていた．涸沼水系でカワザンショウが潮間帯全域から潮下帯まで分布していたのは，この地域の干満差が小さく（せいぜい 20 cm），干上がる干潟面積が小さいことによるものと思われる．徳島の吉野川河口域にみられる 6 種のカワザンショウ科，ヒラドカワザンショウ *Assiminea hiradoensis*，カワザンショウ，ヨシダカワザンショウ *Assiminea yoshidayukioi*，ヒナタムシヤドリカワザンショウ *Assiminea* aff. *parasitologica*，ツブカワザンショウ *Assiminea estuarina*，クリイロカワザンショウのうち，2 個体しか得られなかったツブカワザンショウを除く 5 種の分布を，流路と潮位高とに関連させてみてみた．ここでは，春，夏，秋，冬の 4 季にわたり，河口部から 3 km 上流の地点から 13 km 上流の汽水域上端部までの領域での定点の定量採集により，各種の分布の様相が明らかにされている．個体数において優占していたのは，ヒラドカワザンショウとカワザンショウで，両種とも河口から 5 ～10 km までの広い範囲に渡って分布しているのに対し，クリイロカワザンショウはこれよりもやや河口寄りに偏った分布をし，逆にヨシダカワザンショウは最上流部の地点付近に限定的に分布していた（図 5-10）．なお個体数が少なかったヒナタムシヤドリカワザンショウは，ヒラドカワザンショウやカワザンショウと似た幅広い分布を示していた．垂直分布では，ヒラドカワザンショウとカワザンショウはともにヨシ原内のやや下方に分布中心がみられるのに対し，ヨシダカワザンショウは，ヨシ原内の上部に限られた分布をしていた．またクリイロカワザンショウとヒナタムシヤドリカワザンショウは，分布の中心がヒラドカワザンショウやカワザンショウよりはやや高位でヨシダカワザンショウよりは低位のところにあった．種間で微妙な生息場所の違いがみられるものの，個体数で優占していたヒラドカワザンショウとカワザンショウの間には，流程分布，垂直分布のいずれにおいても明瞭なすみわけが認められない．両種は形態的に極めてよく似た種でありながら，その生息場所は大きく重複しているのである．2 種間の生殖的隔離がどのように成立している

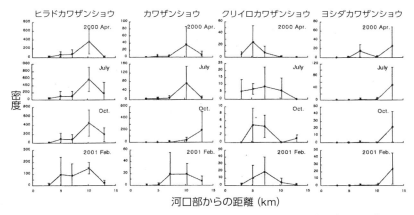

図 5-10　徳島県吉野川河口域におけるカワザンショウ科4種の流程分布．河口部から
の距離に対する生息密度（0.25 m² 当たりの平均値と標準偏差）を，4月，7
月，10月，2月について示した

のか興味あるところである．カワザンショウでは，交尾行動が知られて
おり，それは2月から7月までみられるという（Kurata & Kikuchi, 2000）.
ヒラドカワザンショウでも交尾行動があるのなら，その時期をカワザン
ショウとは違えることで2種間の交雑が避けられているのかもしれない．

　Kuroda et al.（2003）は，カワザンショウ類がヨシ体上につく行動も観
察している．それによるとヨシ体への付着行動は，ヒラドカワザンショ
ウ，カワザンショウ，クリイロカワザンショウ，ヒナタムシヤドリカワ
ザンショウでみられ，いずれも夏季にその頻度が高かった．一方，ヨシ
ダカワザンショウでは，ヨシへ登る行動は一切観察されなかった．植物
体への付着行動はフトヘナタリでもよくみられるが，その頻度は冬季に
多いとされている（Takeuchi et al., 2007）．これはフトヘナタリとカワザ
ンショウ類とで，植物体に登る行動の意味が異なることを示している．

　カワザンショウ類が夏場にヨシ体に登る理由として考えられるものを
挙げておこう．第1に，夏場の摂餌活動の活発化によるもの．摂餌域拡
大のひとつとして植物体上という場所があるのかもしれない．第2には，
夏場の増水よる流失を防ぐため．第3には，夏場に水中からの捕食者の

活動が活発化するため，被食回避のために植物体に登る．第4には，高温下で水中の酸素利用が困難になるため，ヨシ原の高位部に限定的に分布するヨシダカワザンショウでは植物体に登る行動がみられないことを考慮すれば，水塊の条件からの回避という第2から第4までのいずれかが，カワザンショウ類の植物体への付着行動の理由になるだろう．

　熱帯のマングローブ湿地に生息するカワザンショウ類の分布を扱った研究が Suzuki et al.（2002）により行われている．南タイのマングローブ湿地内に多産するダルマカワザンショウ *Ovassiminea brevicula*（正しくは *Optediceros breviculum*）は，マングローブ林内を中心に分布しているが，その密度は，マングローブの落葉，落枝の量と相関し，また実生の密度とも相関していた．このことは，本種がマングローブ植物（*Rhizophora apiculata*）がつくる環境に強く依存していることを示している．

カワザンショウ類の生活史と食性

　カワザンショウ類の野外個体群を経時的に追跡して生活史を調べた研究としては，オランダの塩性湿地のグレイカワザンショウ *Assiminea grayana* を扱った研究（Fortuin et al., 1981）が最初である．この研究では2年間毎月大量のサンプルの体サイズ組成が調べられている．繁殖活動は観察されていないが，新規加入群が7月から10月にかけてみられており，その成長を体サイズ組成から追跡しており，それによると寿命は少なくとも2年と見積もられている．

　これに対し，Kurata & Kikuchi（1999, 2000）は，宮城県の蒲生干潟におけるカワザンショウとクリイロカワザンショウの個体群を雌雄別に詳しく，しかも4年という長期にわたって調べている．まず繁殖活動については，両種とも交尾行動が一定の時期に限ってみられている．カワザンショウでは2月から7月頃まで，クリイロカワザンショウでは，5月から8月までとなっている．交尾ペアーの体サイズには相関性は見出されていない．交尾ペアーの体サイズの非相関性はフトヘナタリでも同様であった（Takeuchi et al., 2007）が，イシマキガイでは相関性が見出さ

れている（Miyajima & Wada, 2014）．カワザンショウとクリイロカワザンショウの産卵は，基底上に単一の卵または複数の卵を産みつけて行われ，卵からはベリジャー幼生が孵化する．浮遊幼生が着底して新規加入群が個体群に出現するのは，カワザンショウでは8月から9月，クリイロカワザンショウでは9月から10月と約1か月ずれている．性成熟達成齢は，カワザンショウで生後17か月であるのに対し，クリイロカワザンショウで生後10か月と約半年早い．ところが寿命は，カワザンショウが約3年に対し，クリイロカワザンショウは約5年となっており，性成熟達成年齢の早いほうの種で寿命が長くなっている．

　カワザンショウとクリイロカワザンショウはともに堆積物食をしているが，その餌の中身は何であるかが，炭素と窒素の安定同位体比から調べられている（Kurata et al., 2001）．宮城県の蒲生干潟のサンプルを解析したところ，ヨシ原内の表層土壌やヨシのリッターよりも，沈積させたセストン（水中懸濁物質）を摂取していることが示された．ヨシ原内を主たる生息場所にしている2種であるが，ヨシ体由来のデトリタスや表層砂泥ではなく，水中に懸濁している物質を主な餌にしていたのである．このことは，異なる餌成分ごとに1か月間飼育した個体の体の安定同位体比をみることからも確かめられた．ヨシ原内の表層土壌やヨシのリッターを与えられた個体の安定同位体比は，通常の個体のもっている安定同位体比とは異なる結果を示したのに対し，セストンを与えた個体の安定同位体比は通常の個体のもつ安定同位体比を示したのである．Kurata et al.（2001）では，干潟表面に沈積したセストンの中身は，植物プランクトンや底生のケイソウ類がその主体とみられ，これらがカワザンショウ類の主要な餌成分になっているとしている．しかしこの研究では浮遊している植物プランクトンや底生のケイソウ類の安定同位体比をみてはいない．またセストンにはヨシ体由来のデトリタスも混じっているはずで，デトリタス化したヨシ体の安定同位体比はリッターのそれとは違う値になるかもしれない．ヨシ原内に生息しているカワザンショウ類の餌分としてヨシなどの植物体に由来するものがまったくないということは考えにくい．

第**6**章

汽水性巻貝の生活史と汽水域の保全

汽水性巻貝の生活史特性のまとめ

　海域と淡水域が混じりあう内湾や河口域を生息場所とする軟体動物腹足類の巻貝を取り上げ，そのいくつかの種について自身が扱ってきた生態研究を中心にした解説を行ってきた．扱った種は普通種から稀少種まであるが，それも汽水性の種としてはごく一部にすぎない．一部の種の情報だけで汽水性の巻貝の特性として一般化するのは無理があるが，明らかになった生活史の特性を種間比較することで，個々の種の特徴を位置づけしてみたい．

　通常多くのベントスでは繁殖期の後に新規加入群が加わる時期がきて，集団の体サイズ組成をみるとその時期には幼稚体が際立って多いという特徴が示される．ところが，その新規加入群が加入期にあっても少ないかほとんど認められないというデータが得られることが多い．今回紹介した種の中では，ワカウラツボ，ウミニナ（吉田・冨山，2017），フトヘナタリ，コゲツノブエ，そしてイシマキガイがこれに該当する．一方で新規加入群が集団中に明瞭に認められるものには，ホソウミニナ，タケノコカワニナが上げられる．既往の文献でもカワザンショウ科のグレイカワザンショウ（Fortuin et al., 1981）やカワザンショウ（Kurata & Kikuchi, 1999），ミズツボ科の *Hydrobia ulvae*（Fish & Fish, 1974），ミズゴマツボ科 Stenothyridae のエドガワミズゴマツボ *Stenothyra edogawensis*（Tatara, 2015），キバウミニナ科のヘナタリとカワアイ（大園ほか，2016）などは新規加入群が数多く認められる時期がみられる．個体群を経時的に追いかけた研究が多い潮間帯性のカニ類では，どの種でも新規加入群が数多く確認される月があるという特徴がみられる（Fukui, 1988；Henmi & Kaneto, 1989）．カニ類とは違って，新規加入群の加入数が極少という特徴をもった種がいるのは，汽水性巻貝の大きな特徴と言えるかもしれない．

　新規加入群が少なくても個体群が維持されているのなら，それは亜成体・成体の死亡率が極めて低いか，あるいは寿命が長いことに因っていることになろう．もうひとつは，特定の年齢群が卓越していることもあ

りえる．すなわちある年の新規加入群だけが際立って多ければ，それ以外の年では新規加入群は少なくても，個体群は存続可能である．ワカウラツボの場合，2000年から2010年の10年間にわたって新規加入群が毎年極少であった（和田ほか，2011）．ただし2000年の6月のヒストグラムには前年生まれとみられる小型個体が他の年ではみられないほどの頻度でみられている（Kobayashi & Wada, 2004）．これはちょうど2000年の1年前，1999年に新規加入群の個体数が比較的多かったことを物語っている．10年間に一度くらいは新規加入が多いときがあり，それに加えて成貝の生存率の高さと寿命の長さ（3年以上）があることで，個体数が少ないながらも個体群として維持されているのが稀少種ワカウラツボなのだろう．フトヘナタリの場合も，和田・西川（2005）や大滝ほか（2001）では新規加入群が少ないデータになっているが，3年間個体群を追跡したOta et al.（2013）では，3年のうち1年だけ新規加入群が多い年があることが示されている．Ota et al.（2013）によれば，本種の繁殖開始齢は3歳で，これはウミニナやホソウミニナの2歳よりも遅く，このことは寿命もフトヘナタリでは長くなることを示唆する．

　新規加入群を成す稚貝の生息場所の特徴は種によって様々であり，共通したものは認められない．潮位高からみた分布では，ホソウミニナやイボウミニナ，それにHydrobia ulvaeでは成体分布域の中の特に高いレベルのところに稚貝が分布する一方，ウミニナやフトヘナタリ，イシマキガイは成体分布域内の特に低いレベルのところに稚貝が分布する．アマオブネガイ科のイシマキガイやシマカノコ，ヒロクチカノコにもその傾向がみられる（Okuda & Nishihira, 2002）．さらに成体とはまったく別個に下方の潮下帯に稚貝が分布するのはヘナタリとカワアイである．成貝と稚貝の分布が流程で異なるものもある．タケノコカワニナでは稚貝は成貝分布域より下流部に分布するし，イシマキガイでは稚貝は汽水域の上端部に限った分布の仕方をする．稚貝の生息場所が成貝のものとは別にあるような種では，その保全に当たっては，なかなかみつけにくい稚貝の生息場所を探し出し，それを含めた保全策を講じることが重要である．

寿命と性成熟達成齢は，種によって様々だが，小型の種，たとえばワカウラツボ，エドガワミズゴマツボ（Tatara, 2015），カワザンショウ・クリイロカワザンショウ（Kurata & Kikuchi, 2000）それに有肺類のウミマイマイ *Lactiforis takii*（Kosuge, 2000）は，繁殖可能齢はいずれも1歳で，寿命は1年のものから5年に及ぶものまであるのに対し，これより大型になる種，たとえばウミニナ，ホソウミニナ，ヘナタリ，フトヘナタリなどでは，繁殖開始齢が2〜3歳と遅く，かつ寿命も6〜10年と長い．イシマキガイに至っては，繁殖開始齢は1歳だが，最大寿命は20年に及ぶとされる（Shigemiya & Kato, 2001）．大型の種ほど繁殖開始齢が遅く，かつ最大寿命も長い傾向が認められる．

　塩分濃度に対する耐性を調べた結果からは，海水条件下で最も生存率が高く，低塩分になるにつれて生存率が低くなるというタイプのものと，逆に海水条件下で生存率が最も低く，低塩分下のほうで生存率が高いタイプのものがあることがわかる．前者には，ウミニナ，ホソウミニナ，ヘナタリ，フトヘナタリ，それにワカウラツボが該当し，後者には，イシマキガイとタケノコカワニナが該当する．二枚貝のヤマトシジミや緑藻のスジアオノリもこのタイプに属すると言える（既述）．耐塩性にみられるこの違いは2つのタイプのグループ間での流程分布ときれいに対応している．イシマキガイやタケノコカワニナは，汽水域の上流部から淡水域までにその分布域があるのに対し，ウミニナら5種はいずれもそれよりも下流部の領域を主な分布域としている．低塩分にさらされる頻度が高いところに住む種は，それに応じて淡水に近い条件が最も生存に適しているようになっているのだ．このことは，淡水の影響が強く出る汽水域上端部の環境が堰の設置などで失われると低塩分に適応したこれらの生物種に大きな打撃を与えることを意味している．

　マングローブ湿地や塩性湿地に生息する巻貝類には，そこに生える植物体上につくという行動を示す種がいる反面，まったく植物体上に登ることのない種もいる．タマキビ類は，基本的に植物体上を生活上の基盤としており，餌も植物体表面から取っている．アメリカ東岸の塩性湿地におけるヌマチタマキビが植物をかじることで，実に地上部現存量の51％

も減少させる効果をもっていた（既述）．マングローブ湿地内のタマキビ類もすべてマングローブ植物の樹幹部から葉上までを生活場所としていて，いずれも植物体表面から餌をとっているとされる（既述）．日本の塩性湿地内に生息する種には，常時植物体上について生活しているような種はいないが，一部ヨシ体上に登る個体がみられるものとして，フトヘナタリとカワザンショウ類がある．一方で，ヒロクチカノコやオカミミガイなどはヨシ原内に限定的に分布しながら，ヨシ体上に登るような行動は一切みられない．フトヘナタリもカワザンショウ類も，植物体上に登る理由はよくわかっていないが，摂餌行動は観察されていないので餌を摂るためとは異なる別の理由があると考えたほうがよさそうだ．一方でマングローブ湿地に出現するキバウミニナの場合は，生の葉も好んで食するにもかかわらず，マングローブ植物体上に登って葉をかじることは一切ない．汽水域の植生があるところに生息している巻貝類には，このように，植物体に強く依存している種から，一部依存している種，そしてまったく依存していない種までいることがわかるのである．

汽水域の生物への人為的影響

　汽水域への人為的改変事業には，堰（図 6-1）や水門の建設と河道整備に伴う護岸整備と埋め立てがある．前者は淡水と海水の連続性を絶ち，後者は陸域と水域の連続性を絶つことで生物の生息に影響を与える．堰や水門は，塩水の遡上を止めて淡水を確保すること（農業用水など）と，洪水時の防災を目的として設置される．しかし堰の上流部も下流部も，ともに流速が緩和され，植物プランクトンの増殖とともに懸濁物質が増加し，これらが水底に堆積して貧酸素状態をつくり出しやすい．さらに堰下流部では底層部で塩分が上がり，結局塩分濃度が低い，あるいは淡水条件と塩分条件が混在するような汽水環境がなくなってしまう．そのような条件下は，本来の汽水域上流部に生息するように適応した生物，具体的には上掲のタケノコカワニナやイシマキガイにとっては致命的である．巻貝以外では，二枚貝のヤマトシジミ（図 6-2）や，甲殻類のカ

図6-1　和歌山市の紀ノ川汽水域につくられた堰「紀ノ川大堰」

図6-2　干潟泥上でみつかるヤマトシジミ *Corbicula japonica*

図 6-3　汽水域の水際転石地でみつかるカワスナガニ *Deiratonotus japonicus*

ワスナガニ（図 6-3）やタイワンヒライソモドキ *Ptychognathus ishii*（図 6-4）といった種が海水環境よりも汽水環境に適応しているものとして上げられる．とりわけヤマトシジミは，漁業資源上重要であり，日本における汽水湖の漁獲量でも平成 9 年度ではその 82％を占める漁獲種となっている（中村，2000）ものの，年とともに減少傾向がみられ，特に河川汽水域における減少が目立っている．河口堰によって明らかに漁獲量が減った例は，利根川，北上川，長良川などで知られている（河川環境管理財団，2008）．ヤマトシジミの成貝は淡水でも生育可能で，高塩分条件が致死要因となっており，80％海水以上の塩分で死亡する（山室，1996）．一方，ヤマトシジミの卵から稚仔期のものでは，淡水や低塩分条件と高塩分条件の両方に致死要因があり，稚貝は淡水下では死亡するし，80％以上の海水では卵の発生に支障をきたすという（山室，1996）．高塩分条件下で弱いのは，汽水域固有の巻貝イシマキガイやタケノコカワニナでも同様なのは既述の通りである．河口堰の建設による堰下流部の塩分

図6-4 タイワンヒライドモドキ *Ptychognathus ishii*

濃度の上昇が高塩分に弱いヤマトシジミの衰退をもたらしてきたとみられる.

　ヤマトシジミと同じように水産上有用な二枚貝には内湾や河口域の干潟をすみ場所としているものが多い. アサリ *Raditapes philippinarum*, ハマグリ *Meretrix lusoria*（図6-5）, サルボオ *Anadara kagoshimensis* などであるが, これらの漁獲量もヤマトシジミ同様近年減少傾向にある. 東京湾, 伊勢湾, 瀬戸内海, そして有明海で高い漁獲量を示すアサリは, 1964年〜1984年には全国で12万〜16万トンの漁獲があったが, それ以降急激に減少し, 2012年には3万トン以下にまで低下している（図6-6）（佐々木, 2017）. アサリの減少要因としては, 河口域の人為的改変事業の埋め立てが大きいとされているが, 他には底質環境の悪化や栄養塩不足が上げられている（佐々木, 2017）. とりわけ底質環境の悪化原因として, 河川上流部に造られたダムや堰の存在は大きい. ダムによる堰き止めは, 下流域への土砂供給を低下させ, 河口域にできる干潟を縮小させる. 一

図 6-5　ハマグリ *Meretrix lusoria*

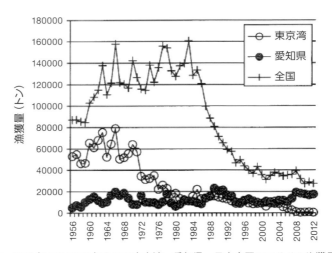

図 6-6　1956 年から 2012 年までの東京湾，愛知県，日本全国のアサリの漁獲量の変遷
（佐々木（2017）海洋と生物，39，生物研究社）

方で，ダムから流出される水はセストンを多く含むため，下流部での沈積によって干潟を泥質化させる．貝合わせの貝として古来日本人に親しまれてきたハマグリも，瀬戸内海では1970年代に1000トン弱の漁獲があったが，2007年以降は漁獲記録から消えてしまう（佐々木，2017）．

　食用にされる海藻類の中で緑藻のスジアオノリは，河川汽水域に適応した種で，その生息塩分条件は半海水から0.01‰と低塩分を好む（大野・高橋，1988）．天然スジアオノリの生産量が日本最大の四万十川でも，その生産量は1960年代の1/5～1/3に減少しており，その原因としては河口域での流量の低下や濁りの増加が上がっている（平岡・嶌田，2004）．ダムのない四万十川では，ダムによる下流域への影響は考えられず，濁りの増加要因としては，流域からの農業排水や生活排水の影響が考えられる．

　汽水域上端部の環境が，生存上のみならず繁殖活動上も重要な魚種がある．世界で有明海だけにしかいないエツ *Coilia nasus*（カタクチイワシ科）とアリアケヒメシラウオ *Neosalanx reganius*（シラウオ科）である．両種とも有明海奥部の筑後川汽水域を主な生息場所としており，産卵は，潮の影響を受けながらも淡水条件にある汽水域上端であり，いずれもその卵は淡水条件下で正常に発育するが，1/4海水でも発育不全となる（田北，2000）．これらの貴重な魚種を守るには，汽水域上端部の環境を維持することが極めて重要なのである．これらの種とは違って，淡水域を主な生息場所としていながら，産卵にのみ汽水域上端部を利用している魚種もある．沖縄の河川に住むハゼ科のミナミヒメミミズハゼ *Luciogobius ryukyuensis* やナガノゴリ *Tridentiger kuroiwae* である（前田，2016）．これらのハゼ科魚類にとっても，汽水域上端の低塩分から淡水までの微妙な汽水環境が繁殖にとって重要なところになっているのである．

　海域と河川淡水域とを往き来する回遊性の動物，たとえばニホンウナギ，サケ，アユ，モクズガニ（図6-7）などにとっても，汽水域はその通過点として重要であり，河口堰の存在はかれらの移動に影響を与える．最近は堰の横に魚道を設置して魚類の遡上を可能にしているが，植生を伴った水際環境がなく，流れも速い状態では，カニ類やエビ類では遡上

図 6-7　海と河川とを往き来するカニ，モクズガニ *Eriocheir japonica*

は容易ではないだろう.

　河口域における護岸整備や埋め立ては，潮間帯上部から潮上帯をすみ場所とする貴重な生物群に負の打撃を与えてきた．それはヨシなどの塩生植物の生えるゾーンからヤナギ類の陸上植物が生えるところまでを含む．この領域をすみ場所とする巻貝類は，種数が多いだけでなく，稀少性の高いものも多い．それはとりもなおさずヨシ原などの河川水際にできる植生域が，日本各地の河口域で破壊されてきた（図 6-8）ことによる．和田ほか（1996）によれば，本州のヨシ原湿地周辺に生息する巻貝類の実に 90% もの種が絶滅寸前または危険と評価されている.

　木村・木村（1999）は，ヨシ原周辺の巻貝類（ユキスズメガイ科，ワカウラツボ科，カワザンショウ科，オカミミガイ科）が，塩性湿地がつくり出す多様な環境に微妙に結びついて生息していることを報じている．有肺類のオカミミガイ科の種は，いずれもヨシ原内の高潮位に限られ，オカミミガイ *Ellobium chinense*（図 6-9）やキヌカツギハマシイノミ

図6-8　塩性湿地を含む植生帯が残る河川河口域（上図：和歌山県那智勝浦町ゆかし潟）と植生帯が護岸により分断または消失した河川河口域（下図：和歌山市和歌川河口）

図6-9　ヨシ原内奥部からみつかる有肺類オカミミガイ *Ellobium chinense*

Melampus sincaporensis は朽木やヨシの枯葉が堆積しているようなところを好み，クリイロコミミガイ *Laemodonta siamensis* やナギサノシタタリ *Microtralia acteocinoides*（図6-10）は，ヨシ原内のはまり石下面からみつかる．ちなみに，オカミミガイ，キヌカツギハマシイノミ，クリイロコミミガイは，いずれも環境省レッドリスト2017において絶滅危惧II類とされている．なお木村（2011）は，オカミミガイが潮間帯上縁部に限られる理由として，成体は水面下では呼吸が困難である反面，生息地に産みつけられる卵が正常に発生するには1‰以上の海水に浸かることが必要であるためとしている．

　ヨシ原内のはまり石の下からみつかるのは，既述のワカウラツボや，ユキスズメガイ科のミヤコドリ *Phenacolepas pulchella*（図6-11），ヒナユキスズメ *Phenacolepas* sp. である．カワザンショウ科の種は，既述のようにヨシ原内に幅広く分布するが，潮位高によって分布する種に違いがみられ，特にヨシ原内の高いところを好んで生息するのはヨシダカワ

図 6-10　ヨシ原内のはまり石の裏からみつかる微小貝ナギサノシタタリ *Microtralia acteocinoides*

図 6-11　泥に埋没した石の裏からみつかるミヤコドリ *Phenacolepas pulchella*

図6-12　ヨシ原内の朽木上などからみつかる後鰓類のドロアワモチ科の1種

ザンショウである．ヨシ原内にできる水溜りに好んで生息するのは，ア
ワオブネガイ科のヒロクチカノコ（図2-14）やキバウミニナ科のクロヘ
ナタリ（図4-5）である（福田, 2000）．オカミミガイ科やカタツムリ類
等と同じ有肺類に属するドロアワモチ科 Onchidiidae の種（図6-12）は，
空気呼吸をするため，ヨシ原周辺の潮間帯上部をすみ場所としている．
平坦な泥表面を匍匐しているが，かくれがになるような転石の存在が必
要でもある．このように，塩性湿地内では，微妙に異なる環境の違いに
応じて様々な巻貝類がすみついており，護岸工事や埋め立てによってそ
のような環境が失われないようにすることが肝要である．
　カニ類には陸域と水域を往き来する種も多い．アカテガニ *Chiromantes
haematocheir*（図6-13）やオカガニ類である．かれらの基本的なすみ場
所は河川近くの陸域部であるが，産卵のために水辺に降りてくる．かれ
らの保全を考えるには，水際から陸上植物が生えているところまでをカ
バーするようにしなければならないのだ．またオカミミガイなどと同じ

図6-13　アカテガニ *Chiromantes haematocheir*

ように，ヨシ原の特に高潮部を好むカニもいる．ベンケイガニやユビア
カベンケイガニ *Parasesarma tripectinis*，それに稀少種のウモレベンケイ
ガニ *Clistocoeloma sinense*（図6-14）などである．ウモレベンケイガニ
などは，ヨシ原内に堆積したごみの下にいることも多く，ヨシ原が捕捉
するごみの存在が重要なすみ場所を提供しているのである．河川敷や海
岸道路を造るためにヨシ原の上部が破壊されることがよくあるが，この
ような改変事業は，ヨシ原上部を好むカニ類や貝類の生息を配慮してい
ない行為とみなされる．
　汽水域における人為的改変事業として堰の建設と護岸工事による水際
高潮部の破壊を取り上げ，生物への影響をまとめたが，その他の人為的
作業についてもふれておこう．まず航路確保や砂利採取を目的として行
われる河道掘削がある．河道掘削が汽水域で行われると海水の流入が増
えて塩分上昇をつくり出すことになり，低塩分を好む生物の生存に悪影
響を与えることになる．

図6-14　ヨシ原内奥部にあるゴミの下からみつかるウモレベンケイガニ*Clistocoeloma sinense*

　河口導流堤は航路維持のためにつくられることが多い．しかしこのような導流堤は，河口部と海域へのつながりを大きくするため，海から河口域への波浪の効果が増大し，河口域の閉鎖的環境をこわすだけでなく，塩分濃度の上昇をもつくり出しやすい．結果として汽水域固有の環境が失われることになる．汽水域の重要な水産資源であるヤマトシジミやスジアオノリなどへの影響が出てこよう．

　橋梁の設置も汽水域ではよく行われる事業である．橋梁の影響としては，橋脚周辺の地形変化がある．具体的には橋脚周辺で洗掘が生じるのである．橋梁の設置により，橋梁下及びその周辺に日射の遮蔽域ができることも無視できない．ヨシ等の植生の成長が阻害されるし，干潟上の底生藻類の成長も阻害されることになる．スナガニ類のように，日照下で盛んに配偶行動を行うものも，橋梁下の暗いところでは配偶行動を抑制される可能性がある．さらに橋梁上を移動する車両は騒音と振動をつ

くり出すが，それは，シオマネキ類のように音や振動を配偶のシグナルにしている（Takeshita & Murai, 2016）生物には，その繁殖行動に悪影響を与えるだろう.

日本の汽水域に侵入する外来生物

日本の汽水域に侵入した外来種にもふれておこう．汽水域の護岸や転石等に付着している二枚貝のコウロエンカワヒバリガイ *Xenostrobus securis* は，1970 年代から日本各地の内湾，河口域からみつかっているが，オーストラリア・ニュージーランド原産の外来種とされる（木村，2002）．本種は元々，カワヒバリガイの亜種 *Limnoperna forunei kikuchii* とされていたが，Kimura et al.（1999）は，外部形態，内部形態，遺伝的特徴からオセアニア原産の *Xenostrobus securis* であることを突き止めた．日本とオーストラリア・ニュージーランドとの間で往き来する大型輸送船のバラスト水に混入した浮遊幼生が日本に侵入し，定着したとみられている．さらに同じような付着性二枚貝の外来種としてイガイダマシ *Mytilopsis sallei* が，これも 1970 年代以降東京湾や大阪湾などの汽水域でみつかっている（鍋島，2002）．本種は大西洋のカリブ海原産で，コウロエンカワヒバリガイの属するイガイ科ではなく，カワホトトギス科に属する．コウロエンカワヒバリガイもイガイダマシもその生息場所の特徴は，日本の在来種であるウネナシトマヤガイ *Trapezium liratum*（フナガタガイ科）と同じであり，この在来種への影響が懸念される.

汽水域にみられるフジツボ類はその多くが外来種である．日本本土の内湾・河口域に広範囲に分布するタテジマフジツボ *Amphibalanus amphitrite* は原産地不明の外来種とされており，1930 年代頃みつかって以来，戦後急激に分布が拡がり，在来種のサラサフジツボ *Amphibalanus reticulatus* の生息域を後退させてきたとされる（岩崎ほか，2004）．ヨーロッパフジツボ *Amphibalanus improvisus* とアメリカフジツボ *Amphibalanus eburneus* はともに 1950〜1960 年代に，それぞれヨーロッパ西岸とアメリカ東岸の原産地から日本に入ってきたもので，現在は本州の北部以南に広く分

布するようになっている（山口，2002）．両種とも低塩分に適応した種であり，繁殖は周年行われるため在来種よりも個体群の増殖率は高いものとみられる．

甲殻類のカニ類では，チチュウカイミドリガニ *Carcinus aestuarii*，チュウゴクモクズガニ *Eriocheir sinensis*，ミナトオウギガニ *Rithropanopeus harrisii* が汽水性の外来種として挙げられる．チチュウカイミドリガニは，地中海沿岸が原産地で，1980年代から東京湾，大阪湾，洞海湾などで数多くみられるようになった（風呂田，2002）．日本への移入手段は貨物船のバラスト水とみられる．オウギガニ上科のミナトオウギガニはアメリカ東海岸の河口汽水域を代表するカニであるが，2006年に伊勢湾で発見され，その後大阪湾や東京湾でもみつかっている（伊勢田ほか，2007）．その移入手段はおそらく船体付着であろうとされている．モクズガニに近縁のチュウゴクモクズガニは上海ガニと称されて食用にされるカニであるが，食用や養殖のために中国から日本に輸入されるようになり，ついに東京湾で生体がみつかった（Takeda & Koizumi, 2005）．これら外来性のカニ類の中では，チチュウカイミドリガニが記録地，生息数とも最も多くなっているが，在来生物への影響については明瞭なものは明らかになっていない．

姿を消しつつある汽水域の巻貝

既述のような汽水域への人為的改変事業により，汽水域をすみ場所とする生物種が各地で消失する例がみられるようになった．私の実体験を中心にしながら，その例を上げてみる．私が長い間勤務していた奈良女子大学には明治・大正時代に集められた動物標本が所蔵されており，その中に東京湾から採集されたと記されたクロヘナタリやヒロクチカノコの貝殻標本がみつかる．クロヘナタリは現在，周防灘と有明海の沿岸にしか分布していないし，ヒロクチカノコ（図2-14）は，現在は三河湾，伊勢湾，瀬戸内海，有明海に局在するにすぎない（日本ベントス学会，2012）．この標本の存在は，明治時代の頃には両種が東京湾に普通に分

図 6-15　アマガイ *Nerita japonica*

布していたことを物語っている．両種の生息環境は，ヨシ原内の水溜り
であるが，そのような環境は，今でも東京湾内でも小櫃川河口域などで
みられる．つまりかれらの生息場所の破壊だけがかれらを絶滅させてき
たとは考えにくい．

　和歌山県の田辺湾湾奥部の内之浦に拡がる干潟域は，私がしばらく勤
務していた京都大学瀬戸臨海実験所が行う臨海実習を通してそこの生物
相が長い間モニタリングされてきた（大垣ほか，2001）．その記録を辿る
と，1976 年から 2001 年までの間に当地から姿を消した巻貝類として，ア
マガイ *Nerita japonica*（図 6-15）（1982 年以降不在），ウミニナ（図 3-5）
（1984 年以降不在），イボウミニナ（図 3-5）（1979 年以降不在），カワア
イ（図 4-7）（1984 年以降不在），カワザンショウ（1984 年以降不在），ド
ロアワモチ *Onchidium* cf. *hongkongense*（図 6-16）（1981 年以降不在）が
上げられる．これらの種は内之浦のみならず，他の田辺湾枝湾でも 1980
年代以降まったくみられなくなる．このうちカワザンショウの消滅は，

図6-16 1975年に田辺湾湾内の干潟で撮影されたドロアワモチ *Onchidium* cf. *hongkongense*

河川改修によってヨシ原がなくなったことが原因とされている（大垣ほか，2001）が，他の種の消滅原因については，はっきりしたものが見当たらない．田辺湾湾奥部の干潟から姿を消した巻貝には，他にヘナタリ（図4-6）とオリイレヨフバイ科 Nassariidae のアラムシロ *Nassarius festivus*（図6-17）がある．両種はともに，1976～2001年の記録には上がっていないが，1950年には田辺湾湾奥から記録されている（波部，1950）．アラムシロは，和歌山県沿岸の他の河口域では普通にみられる種であるが，田辺湾からは絶滅したようである．貝殻をもたない有肺類のドロアワモチは，1970年代には田辺湾内各所で多数干潟上を匍匐しているのが観察されたが，1980年代になるとまったくみることができなくなった．本種は現在南西諸島と北九州には広く分布しているが，それ以外の地域では愛媛県の御荘湾で記録があるだけ（日本ベントス学会，2012）で，田辺湾は日本の本州での数少ない産地であった．

　田辺湾湾奥部の上記干潟性巻貝種が当地からいなくなった原因の手掛

図6-17　アラムシロ *Nassarius festivus*

かりになるのは，これとほぼ同じ時期に，同じ田辺湾内にある畠島の海岸生物の貝類の種数が減少したという変遷記録（大垣・田名瀬，1984）である．それは1949年から1983年までの海岸生物の記録種の変遷であるが，興味深いことに貝類（軟体動物）が，1970年以降1983年まで種数が明らかに減少しているのである（図6-18）．これに対してカニ類やフジツボ類といった節足動物ではそのような減少傾向はみられていない（図6-18）．畠島の貝類が種数を減らす時期に，田辺湾湾奥の干潟性の巻貝も消失しており，このことは，田辺湾内に共通する原因が働いていることを示唆する．大垣（2008）は，田辺湾の水質環境の1955年から2005年までの変遷を解析しており，それによると，透明度やDO，SSや赤潮の頻度などからみた有機汚濁の負荷が1960年代以降増加し，1980年代にそれがピークとなってから2000年代には軽減したことを明らかにしている．すなわち，田辺湾内の水質汚濁が最も進んだ時期に，畠島の潮間帯性巻貝が種数を減らし，内之浦の干潟性巻貝にも絶滅する種が出て

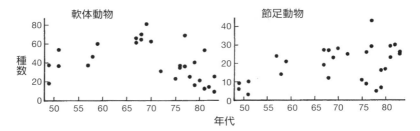

図 6-18　和歌山県田辺湾の畠島の潮間帯から記録される生物種数の 1949 年から 1983 年までの変遷．軟体動物は 1970 年代以降記録種数が減少しているが，節足動物にはそのような傾向はみられない（大垣・田名瀬（1984）南紀生物，26，南紀生物同好会）

いるのである．田辺湾内では魚の養殖も盛んであり，養殖に伴う栄養塩の負荷が，家庭排水とともに水質汚染をつくって軟体動物に影響を与えてきたものとみられる．大垣（2008）は，汚染源としては，このほかに船底塗料や漁網防汚剤として使用される有機スズ化合物を上げている．貝類はこれらの汚染物質に対して特に敏感に反応するため消失するようになったものと推察されるのである．

自然を守るということ
―あとがきにかえて

　汽水域は，人間社会の影響を最も強く受ける沿岸域でありながら，巻貝を含め多様な生物群が生息しているところである．それら生物群の多くの種が，各地で今絶滅の危機にある．生物群集は，構成する種の数が多い程安定的であり（Tilman et al., 2006），外来種に対する抵抗性も高い（Stachowicz et al., 1999）ことが実験的に示されてきた．このことからも，汽水域生態系が安定的に維持されるためには，できるだけ多くの種が絶滅することなく生息し続けることが重要であると言えよう．個体数が少ない稀少種の場合，生態系の機能上の役割は大きくはないとみられるが，稀少種がその生態系に存在する意味は，そこの群集の多様性への貢献という点にある．たくさんの種がいることのもうひとつの意義としては，様々な生物的属性がみられる点にある．生態的特性，形態的特性，行動的特性，生理的特性，そして遺伝的特性の多様性を知ることが，たくさんの種がいることで可能になる．たとえ稀少な種であっても，その種がもっている生物的属性には固有のものがあり，それを知ること自体，われわれの知の世界を拡げてくれるのである．

　自然生態系に人間の力が加わると，どうしても絶滅する種が出てきて，構成種数は減ってしまう．生物多様性の保全が世界的に叫ばれ，レッドリスト種が上げられるようになっているが，反面で，人間活動の増大による生物種の絶滅が加速度的に進行しているのが現実である．人間の影響がほとんどない自然生態系をそのまま残そうという試みが，今後ますます重要になってくると思われる．

　一方，人間が力を加えることで生態系を守ろうという試みが，里山，里海，里川といった呼び方で重用されるようになってきた．生物多様性保全に林業的活動，農業的活動，水産業的活動がプラス効果をもって貢献できるというのがその趣旨と言える．しかし人間が力を加えている以

上，群集の多様性は，人間の手が入らない自然生態系に比べると低くなるのは否めない．汽水域の生態系でその例を上げてみよう．それは，熱帯・亜熱帯の沿岸に拡がるマングローブ生態系である．東南アジアのマングローブ林は，炭や薪用に伐採され，エビ類の養殖場に変えられて消失するか二次林化してきた．世界中のマングローブ林の面積は，この数十年で半分程度に減少し，現存量レベルでは実に75％以上が失われたとされている（小見山，2017）．人間の手によるマングローブ林の再生事業も活発に行われているが，植林によりできあがる二次林は，かつての原生林のもっている壮大で多様な生態系には程遠い．二次林は原生林に比べて，収容できる生物種が少なくなり，それによって生態系内のネットワークも少なってしまう．生態系の構成種が少なくなってしまうと，樹木は残っても，原生林のもっていた壮大で多様な生態系への回復は不可能なのである（小見山，2017）．これが里山や里海の限界とも言える．

　自然を守るのに，人間が手を加えて行おうとするのは悪いことではない．しかし必要以上に手を加えて，自然を守っていると自認している事業が多くなったように思うのである．私が志向するのは，東南アジアにかつて存在していたマングローブの原生林をそのまま手つかずに残すような，稀少種をたくさん含む自然生態系の保全なのである．

謝 辞

　干潟のカニ類の生態・行動・分類・進化を主な研究テーマとしてきた
私が，カニ類とはまったく別の分類群になる軟体動物腹足綱の巻貝類の
生態研究に手を染めたきっかけは，大学院生時代に当時の大学院生仲間
で行ったマガキガイ *Strombus luhuanus* の生態に関する共同研究である．
マガキガイは潮下帯の砂礫底に生息し，食用になっている巻貝で，当時
在籍していた京都大学瀬戸臨海実験所前の海底に多数生息しており，そ
こを調査地とした共同研究を，同じ瀬戸の大学院生（柳澤康信博士，桑
村哲生博士）と京都大学水産学研究科の大学院生（西田睦博士，深尾隆
三博士）と組んで行った（Kuwamura et al., 1983；Wada et al., 1983）．メ
ンバーはいずれも貝類を主たる研究対象にはしていなかったが，自分の
研究対象とは違うものを調べてみようという興味から院生だけで取り組
んだ共同研究であった．この研究を通して，私は，自分の主たる研究対
象とは異なる材料を研究するコツのようなものを覚えた．沖合約 1 km に
及ぶラインを 2 本設けての大規模調査は，当時メンバーの中で唯一スキ
ューバ潜水の経験のなかった私には，極めてハードなものであったが，
海の中から潮間帯をみる観点が養われた．当時のマガキガイグループに
感謝する次第である．

　さらに私の大学院生時代には，潮間帯の巻貝類を研究対象としている
院生がいて，彼らからも多くの知見，示唆をいただいた．阿部直哉博士，
大垣俊一博士，竹ノ内孝一氏らである．彼らの研究に接する機会があっ
たおかげで，私自身も巻貝類の研究に何の屈託もなく打ち込むことがで
きたのである．そして，ひとつの研究対象にこだわらない研究のスタイ
ルは，学生時代の恩師，栗原康先生，森下正明先生，時岡隆先生，川那
部浩哉先生，原田英司先生，西平守孝先生，滝明夫先生，矢島孝昭先生
そして先輩の土屋誠博士や堀道雄博士らから学んだところでもある．

　本書で紹介した汽水性貝類の生態研究は，私が関わったものについては，私が奈良女子大学在籍中に卒業研究や修士研究で指導させてもらったものになるが，その研究を遂行してくれたのは，とりもなおさず当時の学生たちであり，そのメンバーに感謝したい．足立尚子さん，小林由佳さん，黒田美紀さん，宮島瞳さん，西川知絵さん，大畠麻里さん，岡崎朋子さん，坂本晴菜さん，項咏梅さん，山田真奈さん，山本百合亜さんらである．また本書で取り上げた生態研究の共同研究者には，福田宏博士，鎌田磨人博士，木邑聡美氏，古賀庸憲博士，大垣俊一博士，野元彰人氏，大野照文博士，杉野伸義氏，鈴木田亘平氏，田名瀬英朋氏らがおられる．これらの方々にも厚くお礼申し上げたい．

　本書の原稿には貝類の専門家である岡山大学の福田宏博士に目を通していただき，有益なご意見を賜った．鹿児島大学の冨山清升博士からは，ご自身の研究成果に基づいた汽水性貝類の生態的知見を提供いただいた．また東海大学出版部の稲英史氏には，本書の出版に至るまでの多くのお世話をいただいた．心よりお礼申し上げたい．

　最後に私の家族に謝意を表したい．父からは人生の指針を授かり，母，妻，娘，妻の父母からは，長い研究生活を心身両面から支えてもらった．記して感謝したい．

引用文献

Abe, N. (1934) Ecological observations on *Batillaria multiformis* (Lischke). Science Report of Tohoku Imperial University, Series 4, 8: 383-398.

阿部　茂 (1980) イシマキガイの浮遊について. かいなかま, 14: 3.

足立尚子・和田恵次 (1997a) 田辺湾におけるホソウミニナの分布. 南紀生物, 39: 33-38.

足立尚子・和田恵次 (1997b) ホソウミニナの卵と発生様式. ちりぼたん, 28: 33-34.

Adachi, N. & Wada, K. (1998) Distribution of two intertidal gastropods, *Batillaria multiformis* and *B. cumingi* (Batillaridae) at a co-occurring area. Venus, 57: 115-120.

Adachi, N. & Wada, K. (1999) Distribution in relation to life history in the direct-developing gastropod *Batillaria cumingi* (Batillaridae) on two shores of contrasting substrata. Journal of Molluscan Studies, 65: 275-287.

Anderson, A. (1971) Intertidal activity, breeding and the floating habit of *Hydrobia ulave* in the Ythan Estuary. Journal of Marine Biological Association of the United Kingdom, 51: 423-437.

Antonio, E.S., Kasai, A., Ueno, M., Kurikawa, Y., Tsuchiya, K., Toyohara, H., Ishii, Y., Yokoyama, H. & Yamashita, Y. (2010) Consumption of terrestrial organic matter by estuarine molluscs determined by analysis of their stable isotope and cellulose activity. Estuarine, Coastal and Shelf Science, 86: 401-407.

Balaparameswara Rao, M. & Sukumar, R.V. (1981) The preference of a tropical gastropod, *Cerithidea cingulata* (Gmelin), to different types of substrata. Hydrobiologia, 78: 191-193.

Balaparameswara Rao, M. & Sukumar, R.V. (1982) Distribution, zonation and habits of a tropical mud snail *Cerithidea cingulata* (Gmelin) (Mollusca: Gastropoda). Malacologia, 22: 553-558.

Barnes, R.S.K. (1974) Estuarine Biology. 76pp Edward Arnold, London.

Barnes, R.S.K. (1979) Intrapopulation variation in *Hydrobia* sediment preferences. Estuarine and Coastal Marine Science, 9: 231-234.

Barnes, R.S.K. (1988) On reproductive strategies in adjacent lagoonal and intertidal-marine populations of the gastropod *Hydrobia ulvae*. Journal of Marine Biological Association of the United Kingdom, 68: 365-375.

Barnes, R.S.K. (1990) Reproductive strategies in contrasting populations of the coastal gastropod *Hydrobia ulvae*. II. Longevity and life-time egg production. Journal of Experimental Marine Biology and Ecology, 138: 183-200.

Barnes, R.S.K. (2003) Interactions between benthic molluscs in a Sulawesi mangal, Indonesia: the cerithiid mud-creeper *Cerithium coralium* and potamidid mud-whelk, *Terebralia* spp. Journal of the Marine Biological Association of the United Kingdom, 83: 483-487.

Barnes, R.S.K. (2006) Variation in feeding rate of the intertidal mudsnail *Hydrobia ulvae* in relation to the tidal cycle. Marine Ecology, 27: 154-159.

Barnes, R.S.K. & Greenwood, J.G. (1978) The response of the intertidal gastropod *Hydrobia ulvae* (Pennant) to sediments of differing particle size. Journal of Experimental Marine Biology and Ecology, 31: 43-54.

Behrens Yamada, S. (1982) Growth and longevity of the mud snail *Batillaria attramentaria*. Marine Biology, 67: 187-192.

Budiman, A. (1988) Some aspects of the ecology of mangrove whelk *Telescopium telescopium* (Linne, 1758) (Mollusca, Gastropoda: Potamididae). Treubia, 29: 237-245.

Byers, J.E. (2000) Competition between two estuarine snails: implications for invasion of exotic species. Ecology, 81: 1225-1239.

Cardoso, G., Lillebo, A. I., Pardal, M. A., Ferreira, S. M. & Marques, J. C. (2002) The effect of different primary production on *Hydrobia ulvae* population dynamics: a case study in a temperate intertidal estuary. Journal of Experimental Marine Biology and Ecology, 277: 173-195.

Chan, D.H.L. & Chan, B.K.K. (2005) Effect of epibiosis on the fitness of the sandy shore snail *Batillaria zonalis* in Hong Kong. Marine Biology, 146: 695-705.

Chatfield, J.E. (1972) Studies on variation and life history in the prosobranch *Hydrobia ulvae* (Pennant). Journal of Conchology, 27: 463-473.

Cook, L.M. & Kenyon, G. (1993) Shell strength of color morphs of the mangrove snail *Littoraria pallenscens*. Journal of Molluscan Studies, 59: 29-34.

Currie, D.R. & Small, K.J. (2005) Macrobenthic community responses to long-term environmental change in an east Australian sub-tropical estuary. Estuarine, Coastal and Shelf Science, 63: 315-331.

Doi, H., Matsumasa, M., Fujikawa, M., Kanou, K., Suzuki, T. & Kikuchi, E. (2009) Macroalgae and seagrass contribution to gastropods in sub-tropical and temperate tidal flat. Journal of the Marine Biological Association of the United Kingdom, 89: 399-404.

Drake, P. & Arias, A.M. (1995) Distribution and reproduction of three *Hydrobia* species (Gastropoda: Hydrobiidae) in a shallow coastal lagoon in the Bay of Cadiz, Spain. Journal of Molluscan Studies, 61: 185-196.

Duncan, R.S. & Szelistowski, W.A. (1998) Influence of puffer predation on vertical distribution of mangrove littorinids in the Gulf of Nicoya, Costa Rica. Oecologia, 117: 433-442.

Fenchel, T. (1975) Character displacement and coexistence in mud snails

(Hydrobiidae). Oecologia, 20: 19-32.

Fish, J.D. & Fish, S. (1974) The breeding cycle and growth of *Hydrobia ulvae* in the Dovey Estuary. Journal of Marine Biological Association of the United Kingdom, 54: 685-697.

Fortuin, A.W., De Wolf, L. & Borghouts-Biersteker, C.H. (1981) The population structure of *Assiminea grayana* Fleming, 1828 (Gastropoda, Assimineidae), in the South-West Netherlands. Basteria, 45: 73-78.

Fratini, S., Cannicci, S. & Vannini, M. (2000) Competition and interaction between *Neosarmatium smithi* (Crustacea: Grapsidae) and *Terebralia palustris* (Mollusca: Gastropoda) in a Kenyan mangrove. Marine Biology, 137: 309-316.

Fratini, S., Cannicci, S. & Vannini, M. (2001) Feeding clusters and olfaction in the mangrove snail *Terebralia palustris* (Linnaeus) (Potamididae: Gastropoda). Journal of Experimental Marine Biology and Ecology, 261: 173-183.

Fratini, S., Vannini, M. & Cannicci, S. (2008) Feeding preferences and food searching strategies mediated by air- and water-borne cues in the mud whelk *Terebralia palustris* (Potamididae: Gastropoda). Journal of Experimental Marine Biology and Ecology, 362: 26-31.

Fratini, S., Vigiani, V., Vannini, M. & Cannicci, S. (2004) *Terebralia palustris* (Gastropoda; Potamididae) in a Kenyan mangal: size structure, distribution and impact on the consumption of leaf litter. Marine Biology, 144: 1173-1182.

福田　宏（2000）5 巻貝類Ⅰ－総論．有明海の生きものたち　干潟・河口域の生物多様性．佐藤正典（編），pp. 100-137，海游舎，東京．

福田　宏・前田和俊・河辺訓受（1990）ワカウラツボの瀬戸内海での産出と種名．南紀生物，32: 103-108.

Fukui, Y. (1988) Comparative studies on the life history of the grapsid crabs (Crustacea, Brachyura) inhabiting intertidal cobble and boulder shores. Publications of the Seto Marine Biological Laboratory, 33: 121-162.

風呂田利夫（2002）チチュウカイミドリガニ―冬季繁殖で汚濁海域を生き抜く―．外来種ハンドブック（日本生態学会編），p.184．地人書館，東京．

風呂田利夫・須之部友基・有田茂生（2002）東京湾谷津干潟におけるウミニナとホソウミニナの対照的個体群現状．Venus, 61: 15-23.

古城祐樹・冨山清升（2000）同一河川におけるカワニナとイシマキガイの分布と微小生息場所．Venus, 59: 245-260.

Gittman, R.K. & Keller, D.A. (2013) Fiddler crabs facilitate *Spartina alterniflora*, mitigating periwinkle overgrazing of marsh habitat. Ecology, 94: 2709-2718.

Golding, R.E. (2014) Molecular phylogeny and systematics of Australian 'Iravadiidae' (Caenogastropoda: Truncatelloidea). Molluscan Research, 34: 222-257.

Gorbushin, A.M. (1996) The enigma of mud snail shell growth: asymmetrical competition or character displacement? Oikos, 77: 85-92.

波部忠重（1950）田邊湾に於ける貝類の生態的分布. 貝類學雜誌, 16: 13-18.

Haubois, A.-G., Guarini, J.-M., Richard, P., Blanchard, G.F. & Saruiau, P.-G. (2002) Spatio-temporal differentiation in the population structure of *Hydrobia ulvae* on an intertidal mudflat (Marennes-Oléron Bay, France). Journal of Marine Biological Association of the United Kingdom, 82: 605-614.

Henmi, Y. & Kaneto, M. (1989) Reproductive ecology of three ocypodid crabs I. The influence of activity differences on reproductive traits. Ecological Research, 4: 17-29.

Hidaka, H. & Kano, Y. (2014) Morphological and genetic variation between the Japanese populations of the amphidromous snail *Stenomelania crenulata* (Cetithioidea: Thiaridae). Zoological Science, 31: 593-602.

平岡雅規・嶌田　智（2004）四万十川の特産品スジアオノリの生物学. 海洋と生物, 26: 508-515.

平田　徹・西脇三郎・植田一二三・土屋泰孝・佐藤壽彦（2000）イシマキガイの交尾囊内における精包数の月変化. 山梨大学教育人間科学部紀要, 1: 28-34.

平田　徹・西脇三郎・植田一二三・土屋泰孝・佐藤壽彦（2001）汽水性・淡水性腹足類イシマキガイの耐塩性. 山梨大学教育人間科学部紀要, 2: 20-28.

Ho, P.-T., Kwan, Y.-S., Kim, B. & Won, Y.-J. (2015) Postglacial range shift and demographic expansion of the marine intertidal snail *Batillaria attramentaria*. Ecology and Evolution, 5: 419-435.

Houbrick, J.R. (1973) Growth studies on the genus *Cerithium* (Gastropoda: Prosobranchia) with notes on ecology and microhabitats. Nautilus, 88: 14-27.

Hughes, J.M. & Mather, P.B. (1986) Evidence for predation as a factor in determining shell color frequencies in a mangrove snail *Littoraria* sp. (Prosobranchia: Littorinidae). Evolution, 40: 68-77.

Hylleberg, J. (1975) The effect of salinity and temperature on egestion in mud snails (Gastropoda: Hydrobiidae). A study of niche overlap. Oecologia, 21: 279-289.

伊勢田真嗣・大谷道夫・木村妙子（2007）移入種 *Rithropanopeus harrisii* ミナトオウギガニ（和名新称）（甲殻亜門：カニ下目：Panopeidae 科）の日本における初記録. 日本ベントス学会誌, 62: 39-44.

岩崎敬二・木村妙子・木下今日子・山口寿之・西川輝昭・西栄二郎・山西良平・林　育夫・大越健嗣・小菅丈治・鈴木孝男・逸見泰久・風呂田利夫・向井　宏（2004）日本における海産生物の人為的移入と分散：日本ベントス学会自然環境保全委員会によるアンケート調査の結果から. 日本ベントス学会誌, 59: 22-44.

Kamimura, S. & Tshuchiya, M. (2004) The effect of feeding behavior of the gastropods *Batillaria zonalis* and *Cerithideopsilla cingulata* on their ambient environment. Marine Biology, 144: 705-712.

Kamimura, S. & Tsuchiya, M. (2006) Effects of opportunistic feeding by the intertidal gastropods *Batillaria zonalis* and *B. flectosiphonata* on material flux on a tidal flat. Marine Ecology Progress Series, 318: 203-211.

Kamimura, S. & Tsuchiya, M. (2008) Seasonal variation in the population size and food sources of *Batillaria zonalis* (Gastropoda: Batillariidae) on Okinawa Island, Japan. Venus, 66: 191-204.

Kan, K., Sato, M. & Nagasawa, K. (2016) Tidal-flat macrobenthos as diets of the Japanese eel *Anguilla japonica* in western Japan, with a note on the occurrence of a parasitic nematode *Heliconema anguillae* in eel stomachs. Zoological Science, 33: 50-62.

金田竜祐・中島貴幸・片野田裕亮・冨山清升（2013）鹿児島湾喜入干潟における海産巻貝ウミニナ *Batillaria multiformis*（Lischke, 1869）（腹足綱ウミニナ科）の貝殻内部成長線分析．Nature of Kagoshima, 39: 89-97.

環境省（2014）レッドデータブック 2014―日本の絶滅のおそれのある野生生物―6 貝類．448 pp．ぎょうせい，東京．

環境省自然環境局生物多様性センター（2007）第7回自然環境保全基礎調査 浅海域生態系調査（干潟調査）報告書．235 pp + 99 pp. 日本国際湿地保全連合，東京．

Kano, Y. (2009) Hitchhiking behaviour in the obligatory upstream migration of amphidromous snails. Biology Letters, 5: 465-468.

Kano, Y. & Fukumori, H. (2010) Predation on hardest molluscan eggs by confamilial snails (Neritidae) and its potential significance in egg-laying site selection. Journal of Molluscan Studies, 76: 360-366.

河川環境管理財団（2008）河川汽水域―その環境特性と生態系の保全・再生．353 pp．技報堂出版，東京．

Kawamoto, M., Wada, K., Kawane, M. & Kamada, M. (2012) Population subdivision of the brackish-water crab *Deiratonotus cristatus* on the Japanese coast. Zoological Science, 29: 21-29.

河野尚美・冨山清升・今村留美子・国村真希（2017）鹿児島湾におけるヒメウズラタマキビ *Littoraria*（*Littorinsis*）*intermedia*（Philippi, 1846）の生息地による生活史の比較．Nature of Kagoshima, 43: 379-388.

菊池泰二（1976）第Ⅱ編 ベントス 第10章 汽水域のベントス群集，海藻・ベントス，海洋科学基礎講座5（元田繁編），pp. 326-345．東海大学出版会，東京．

木邑聡美・野元彰人・中西夕香・杉野伸義（2001）和歌浦で再発見されたワカウラツボ（腹足綱）．南紀生物，43: 38-40.

木村昭一（1987）ワカウラツボを有明海にて採集．南紀生物，29: 95.

木村昭一・木村妙子（1999）三河湾及び伊勢湾河口域におけるアシ原湿地の腹足相．日本ベントス学会誌，54: 44-56.

木村妙子（2002）コウロエンカワヒバリガイ―二次的な移出が心配される内

湾の外来二枚貝—. 外来種ハンドブック（日本生態学会編）, p. 188. 地人書館, 東京.

木村妙子（2011）絶滅危惧種オカミミガイはなぜ潮間帯上縁部に群れるのか？ Nippon Suisan Gakkaishi, 77: 119.

木村妙子・木村昭一・青木 茂（2000）幻の胎貝—フトヘナタリとシマヘナタリの産卵と初期発生. Venus, 59: 78.

Kimura, T., Tabe, M. & Shikano, Y. (1999) *Limnoperna fortune kikuchii* Habe, 1981 (Bivalvia: Mytilidae) is a synonym of *Xenostrobus securis* (Lamarck, 1819): Introduction into Japan from Australia and/or New Zealand. Venus, 58: 101-117.

Kobayashi, S. & Iwasaki, K. (2002) Distribution and spatio-temporal variation in the population structure of the fluvial gastropod *Clithon retropictus*. Benthos Research, 57: 91-101.

Kobayashi, Y. & Wada, K. (2004) Growth, reproduction and recruitment of the endangered brackish water snail *Iravadia* (*Fairbankia*) *sakaguchii* (Gastropoda: Iravadiidae). Molluscan Research, 24: 33-42.

小林由佳・和田恵次・杉野伸義（2003）汽水棲巻貝ワカウラツボ（腹足綱：ワカウラツボ科）の分布に関係する要因. 日本ベントス学会誌, 58: 3-10.

Kojima, S., Hayashi, I., Kim D., Iijima, A. & Furota, T. (2004) Phylogeography of an intertidal direct-developing gastropod *Batillaria cumingi* around the Japanese Islands. Marine Ecology Progress Series, 276: 161-172.

Kojima, S., Kamimura, S., Iijima, A., Kimura, T., Kurozumi, T. & Furota, T. (2006) Molecular phylogeny and population structure of tideland snails in the genus *Cerithidea* around Japan. Marine Biology, 149: 523-535.

Kojima, S., Kamimua, S., Iijima, A., Kimura, T., Mori, K., Hayashi, I. & Furota, T. (2005) Phylogeography of the endangered tideland snail *Batillaria zonalis* in the Japanese and Ryukyu Islands. Ecological Research, 20: 686-694.

Kojima, S., Kamimura, S., Kimura, T., Hayashi, I., Iijima, A. & Furota, T. (2003) Phylogenetic relationships between the tideland snails *Batillaria flectosiphonata* in the Ryukyu Islands and *B. multiformis* in the Japanese Islands. Zoological Science, 20: 1423-1433.

Kojima, S., Ota, N., Mori, K., Kurozumi, T. & Furota, T. (2001) Molecular phylogeny of Japanese gastropods in the genus *Batillaria*. Journal of Molluscan Studies, 67: 377-384,

Kokita, T. & Nohara, K. (2010) Phylogeography and historical demography of the anadromous fish *Leucopsarion petersii* in relation to geological history and oceanography around the Japanese Archipelago. Molecular Ecology, 20: 143-164.

小見山章（2017）マングローブ林 変わりゆく海辺の森の生態系. 273 pp. 京都大学学術出版会, 京都.

Kosuge, Ta. (2000) Seasonal aspects in the life history and ecology of the intertidal pulmonate *Salinator takii* Kuroda (Gastropoda: Amphibolidae). Venus, 59: 19-28.

Kurata, K. & Kikuchi, E. (1999) Life cycle and reproduction of *Assiminea japonica* V. Martens and *Angustassiminea castanea* (Westerlund) at a reed marsh in Gamo Lagoon, northern Japan (Gastropoda: Assimineidae). Ophelia, 50: 191-214.

Kurata, K. & Kikuchi, E. (2000) Comparisons of life-history traits and sexual dimorphism between *Assiminea japonica* and *Angustassiminea castanea* (Gastropoda: Assimineidae). Journal of Molluscan Studies, 66: 177-196.

Kurata, K., Minami, H. & Kikuchi, E. (2001) Stable isotope analysis of food sources for salt marsh snails. Marine Ecology Progress Series, 223: 167-177.

Kurihara, T. (2000) Size structure and distribution pattern of the subtropical intertidal gastropod *Clypeomorus subbrevicula* (Oostingh). Venus, 59: 209-216.

Kuroda, T. & Habe, T. (1954) New aquatic gastropods from Japan. Venus, 18: 71-79.

Kuroda, M., Wada, K., Kamada, M., Suzukida, K. & Fukuda, H. (2003) Distribution patterns of assimineid species (Gastropoda: Rissooidea) in the salt marshes of the Yoshino River, Tokushima Prefecture, Japan. The Yuriyagai, 9: 21-31.

Kuwamura, T., Fukao, R., Nishida, M., Wada, K. & Yanagisawa, Y. (1983) Reproductive biology of the gastropod *Strombus luhuanus* (Strombidae). Publications of the Seto Marine Biological Laboratory, 28: 433-443.

Lantin-Olaguer, I. & Bagarinao, T.U. (2001) Gonadal maturation, fecundity, spawning, and timing of reproduction in the mud snail, *Cerithidea cingulata*, a pest in milkfish ponds in the Philippines. Invertebrate Reproduction and Development, 39: 195-207.

Lasiak, T. & Dye, A. H. (1986) Behavioural adaptation of the mangrove whelk, *Telescopium telescopium* (L.), to life in a semi-terrestrial environment. Journal of Molluscan Studies, 52: 174-179.

Lassen, H.H. & Clark, M.E. (1979) Comparative fecundity in three Danish mudsnails (Hydrobiidae). Ophelia, 18: 171-178.

Lassen, H.H. & Kristensen, J.H. (1978) Tolerance to abiotic factors in mudsnails (Hydrobiidae). Natura Jutlandica, 20: 243-250.

Lauidien, J. & Wahl, M. (1999) Indirect effect of epibiosis on host mortality: seastar predation on differently fouled mussels. Marine Ecology, 20: 35-47.

Lee, O.K. & Williams, G.A. (2002) Locomotor activity patterns of the mangrove littorinids, *Littoraria ardouiniana* and *L. melanostoma*, in Hong Kong. Journal of Molluscan Studies, 68: 235-241.

Lee, O.K., Williams, G.A. & Hyde, K.D. (2001) The diets of *Littoraria ardouiniana* and *L. melanostoma* in Hong Kong mangroves. Journal of Marine Biological Association of the United Kingdom, 81: 967-973.

Levinton, J.S. (1979) The effect of density upon deposit-feeding populations: movement, feeding and floating of *Hydrobia ventrosa* Montagu (Gastropoda: Prosobranchia). Oecologia, 43: 27-39.

Little, C. & Nix, W. (1976) The burrowing and floating behaviour of the gastropod *Hydrobia ulave*. Estuarine and Coastal Marine Science, 4: 537-544.

前田　健（2016）両側回遊とは？　バリエーションから考える．海洋と生物, 38: 350-355.

Miura, O., Kuris, A.M., Torchin, M.E., Hechinger, R.F. & Chiba, S. (2006a) Parasite alter host phenotype and may create a new ecological niche for snail hosts. Proceedings of the Royal Society B, 273: 1323-1328.

Miura, O., Kuris, A.M., Torchin, M.F., Hechinger, R.F., Dunham, E.J. & Chiba, S. (2005) Molecular-genetic analyses reveal cryptic species of trematodes in the intertidal gastropod, *Batillaria cumingi* (Crosse). International Journal for Parasitology, 35: 793-801.

Miura, O., Torchin, M.E., Kuris, A.M., Hechinger, R.F. & Chiba, S. (2006b) Introduced cryptic species of parasite exhibit different invasion pathways. Proceedings of the Natural Academy of Science, 103: 19818-19823.

Miyajima, H. & Wada, K. (2014) Spatial distribution in relation to life history in the neritid gastropod *Clithon retropictus* in the Kanzaki River Estuary, Osaka, Japan. Plankton & Benthos Research, 9: 207-216.

宮本　巌（1960）宍道湖及び中海のイシマキガイの生態学的研究．日本生態学会誌, 10: 45-48.

Mouritsen, K.N. & Jensen, K.T. (1994) The enigma of gigantism: effect of larval trematodes on growth, fecundity, egestion and locomotion in *Hydrobia ulvae* (Pennant) (Gastropoda: Prosobranchia). Joural of Experimental Marine Biology and Ecology, 181: 53-66.

Newell, R. (1962) Behavioral aspects of the ecology of *Peringia* (=*Hydrobia*) *ulvae* (Pennant) (Gastropoda, Prosobranchia). Proceeding of Zoological Society of London, 138: 49-75.

Newell, R. (1964) Some factors controlling the upstream distribution of *Hydrobia ulvae* (Pennant), (Gastropoda, Prosobranchia). Proceeding of Zoological Society of London, 142: 85-106.

鍋島靖信（2002）イガイダマシ―カリブ海原産のカワホトトギス科二枚貝―. 外来種ハンドブック（日本生態学会編), p.189. 地人書館, 東京.

中村幹雄（2000）日本のシジミ漁業 その現状と問題点. 265 pp. たたら書房, 米子.

日本ベントス学会（2012）干潟の絶滅危惧動物図鑑―海岸ベントスのレッド

データブック．285 pp．東海大学出版会，泰野．

Niiyama, T. & Toyohara, H. (2011) Widespread distribution of cellulase and hemicellulase activities among aquatic invertebrates. Fisheries Science, 77: 649-655.

Nishihira, M. (1983) Grazing of the mangrove litters by *Terebralia palustris* (Gastropoda: Potamididae) in the Okinawan mangal: preliminary report. Galaxea, 2: 45-58.

西脇三郎・平田　徹・植田一二三・土屋泰孝・佐藤壽彦（1991）標識再捕法によるイシマキガイの移動方向の研究．Venus, 50: 202-210.

小原淑子・冨山清升（2000）同一河川に生息するカワニナとイシマキガイのニッチ分け．Venus, 59: 135-147.

Ohgaki, S. (1992) Distribution and movement of the mangrove *Littoraria* (Gastropoda) on Ishigaki Island, Okinawa. Venus, 51: 269-278.

大垣俊一（2008）田辺湾の環境．1955-2005 年．南紀生物, 50: 15-26.

大垣俊一・田名瀬英朋（1984）畠島磯観察記録．1949〜1983 その 2．南紀生物．26: 105-111.

大垣俊一・田名瀬英朋・和田恵次（2001）和歌山県田辺湾内之浦の海岸生物記録種．1976-2001．南紀生物, 43: 102-108.

大野正夫・高橋勇夫（1988）高知県下四万十川に生育するスジアオノリの分布域について．高知大学海洋生物教育研究センター研究報告, 10: 45-54.

大滝陽美・真木英子・冨山清升（2001）フトヘナタリの分布の季節変化と繁殖行動．Venus, 60: 199-210.

岡崎朋子・和田恵次（2007）汽水性巻貝タケノコカワニナの生態分布．南紀生物．49: 1-5.

Okuda, N. & Nishihira, M. (2002) Ecological distribution and assemblage structure of neritid gastropods in an Okinawan mangrove swamp, southern Japan. Benthos Research, 57: 31-44.

恩藤芳典・中本　豊（1964）イシマキガイ自然個体群の研究．生理生態, 12: 45-54.

Onoda, G., Suzuka, T., Takeuchi, Y., Konagai, T. & Tomiyama, K. (2010) Spermatophore transfer in the dioecious tidal snail *Cerithidea rhizophorarum* (Gastropoda: Potamididae). Venus, 68: 176-178.

Orvain, F. & Sauriau, P.-G. (2002) Environmental and behavioural factors affecting activity in the intertidal gastropod *Hydrobia ulvae*. Journal of Experimental Marine Biology and Ecology, 272: 191-216.

Ota, N., Kawai, T. & Hashimoto, A. (2013) Recruitment, growth, and vertical distribution of the endangered mud snail *Cerithidea rhizophorarum* A. Adams, 1855: implications for its conservation. Molluscan Research, 33: 87-97.

大園隆仁・三浦由佳里・三浦知之（2016）宮崎市一ツ葉入江におけるフトヘナタリ科貝類生息数の年変動と個体サイズの季節変動．日本ベントス学会

誌, 70: 43-49.

Pape, E., Muthumbi, A., Kamanu, C.P. & Vanreusel, A. (2008) Size-dependent distribution and feeding habits of *Terebralia palustris* in mangrove habitats of Gazi Bay, Kenya. Estuarine, Coastal and Shelf Science, 76: 797-808.

Penha-Lopes, G., Bouillon, S., Mangion, P., Macia, A. & Paula, J. (2009) Population structure, density and food sources of *Terebralia palustris* (Potamididae: Gastropoda) in a low intertidal *Avicennia marina* mangrove stand (Inhaca Island, Mozambique). Estuarine, Coastal and Shelf Science, 84: 318-325.

Ponder, W.F. (1994) The anatomy and relationships of three species of vitrinelliform gastropods (Caenogastropoda: Rissooidea) from Hong Kong. In B. Morton (ed) The Malacofauna of Hong Kong and Southern China II, 243-281. Hong Kong University Press, Hong Kong.

Ramamoorthi, K. & Natarajan, R. (1973) Spawning in *Telescopium telescopium* (Linnaeus) (Potamididae-Gastropoda). Venus, 31: 158-159.

Reid, D.G. (1985) Habitat and zonation patterns of *Littoraria* species (Gastropoda: Littorinidae) in Indo-Pacific mangrove forest. Biological Journal of the Linnean Society, 26: 39-68.

Reid, D.G. (2014) The genus *Cerithidea* Swanson, 1840 (Gastropoda: Potamididae) in the Indo-West Pacific region. Zootaxa, 3775: 001-065.

Reid, D.G. & Claremont, M. (2014) The genus *Cerithideopsis* Thiele, 1929 (Gastropoda: Potamididae) in the Indo-West Pacific region. Zootaxa. 3779: 061-080.

Reid, D.G. & Ozawa, T. (2016) The genus *Pirenella* Gray, 1847 (= *Cerithideopsilla* Thiele, 1929) (Gastropoda: Potamididae) in the Indo-West Pacific region and Mediterranean Sea. Zootaxa, 4076: 001-091.

Remane, A. & Schlieper, C. (1971) Biology of Brackish Water (2nd revised edn). Schweizerbart'sche Verlangsbuchhandlung, Stuttgart and John Wiley and Sons Inc., New York.

坂本晴菜・和田恵次 (2016) 干潟の稀少巻貝コゲツノブエ (オニノツノガイ科) の分布と生活史. 南紀生物, 58: 115-120.

Sanpnichi, K., Wells, F.E. & Chitramvong, Y. (2008) Reproduction and growth of *Littoraria* (Gastropoda: Littorinidae) at Ang Sila, Thailand. The Raffles Bulletin of Zoology, Supplement, 18: 225-233.

佐々木克之 (2017) 内湾及び干潟における物質循環と生物生産 (67) 瀬戸内海漁獲量の減少要因 8. 貝類—とくにアサリ—. 海洋と生物, 39: 58-62.

Shigemiya, Y. & Kato, M. (2001) Age distribution, growth, and lifetime copulation frequency of a freshwater snail, *Clithon retropictus* (Neritidae). Population Ecology, 43: 133-140.

四村優理・冨山清升 (2016) 鹿児島湾の干潟におけるウミニナ (*Batillaria multiformis*) の生活史. Nature of Kagoshima, 42: 419-428.

新川英明（1980）感潮河川の貝類．150 pp．渓水社，広島．

Silliman, B.R. & Newell, S.Y. (2003) Fungal farming in a snail. Proceedings of the Natural Academy of Science, 100: 15643-15648.

Silliman, B.R. & Zieman, J.C. (2001) Top-down control of *Spartina alterniflora* production by periwinkle grazing in a Virginia salt marsh. Ecology, 82: 2830-2845.

Slim, F.J., Hemminga, M.A., Ochieng, C., Jannink, N.T., Cocheret de la Morinière, & van der Velde, G. (1997) Leaf litter removal by the snail *Terebralia palustris* (Linnaeus) and sesarmid crabs in an East African mangrove forest (Gazi Bay, Kenya). Journal of Experimental Marine Biology and Ecology, 215: 35-48.

Sola, J.C. (1996) Population dynamics, reproduction, growth, and secondary production of the mud-snail *Hydrobia ulave* (Pennant). Journal of Experimental Marine Biology and Ecology, 205: 49-62.

Sreenivasan, P.V. (1995) Digestive system and physiology of digestion in a style-bearing mesogastropod snail, *Cerithidea cingulata* (Gmelin). Journal of Marine Biological Association of India, 37: 11-21.

Stachowicz, J.J., Whitlatch, R.B. & Osman, R. W. (1999) Species diversity and invasion resistance in a marine ecosystem. Science, 286: 1577-1579.

杉原祐二・冨山清升（2016）ウミニナ *Batillaria multiformis* 集団におけるサイズ頻度分布季節変動の個体群間比較．Nature of Kagoshima, 42: 429-436.

Suzuki, T., Nishihira, M. & Paphavasit, N. (2002) Size structure and distribution of *Ovassiminea brevicula* (Gastropoda) in a Thai mangrove swamp. Wetlands Ecology and Management, 10: 265-271.

Takada, Y. (1992) The migration and growth of *Littorina brevicula* on a boulder shore in Amakusa, Japan. In J. Grahame, P.J. Mill & D.G. Reid (eds), Proceedings of the Third International Symposium on Littorinid Biology, 277-279. The Malacological Society of London, London.

Takada, Y. (1995) Seasonal migration promoting assortative mating in *Littorina brevicula* on a boulder shore in Japan. Hydrobiologia, 309: 151-159.

Takada, Y. (2000) Activity patterns of *Clithon oualaniensis* (Mollusca: Gastropoda) on intertidal seagrass beds in Hong Kong. In B. Morton (ed), The Marine Flora and Fauna of Hong Kong and Southern China V, 217-227. Hong Kong University Press, Hong Kong.

Takeda, M. & Koizumi, M. (2005) Occurrence of the Chinese mitten crab, *Eriocheir sinensis* H. Milne Edwards, in Tokyo Bay, Japan. Bulletin of the National Science Museum, Tokyo, Series A, 31: 21-24.

Takeshita, F. & Murai, M. (2016) The vibrational signals that male fiddler crab (*Uca lactea*) use to attract females into their burrows. The Science of Nature, 103: 49.

Takeuchi, M., Ohtaki, H. & Tomiyama, K. (2007) Reproductive behavior of the dioecious tidal snail *Cerithidea rhizophorarum* (Gastropoda: Potamididae). American Malacological Bulletin, 23: 81-87.

田北　徹（2000）9 魚類，有明海の生きものたち　干潟・河口域の生物多様性，佐藤正典（編），pp. 213-252. 海游社，東京.

Tan, K.S. (2008) Mudflat predation on bivalves and gastropods by *Chicoreus capucinus* (Neogastropoda: Muricidae) at Kungkrabaen Bay, Gulf of Thailand. The Raffles Bulletin of Zoology, Supplement, No. 18: 235-245.

田代美穂・冨山清升・森野　浩（2001）涸沼水系におけるカワザンショウの分布と各地域集団の個体群構造. Venus, 60: 79-91.

Tatara, Y. (2015) Life history of *Stenothyra edogawensis* (Gastropoda: Stenothyridae) in the innermost part of Tokyo Bay, Japan. Venus, 73: 71-74.

Tilman, D., Reich, P.B. & Knops, J.M.H. (2006) Biodiversity and ecosystem stability in a decade-long grassland experiment. Nature, 441: 629-632.

歌代　勤・生痕研究グループ（1970）現棲ウミニナ *Batillaria multiformis* の生態と生痕―生痕の生物学的研究その XIII―. 新潟大学教育学部高田分校研究紀要, 15: 223-261.

Vohra, F.C. (1970) Some studies on *Cerithidea cingulata* (Gmelin, 1790) on a Singapore sandy shore. Proceedings of the Malacological Society of London, 39: 187-201.

和田恵次（2015）京都府久美浜湾で見つかった干潟性稀少巻貝カワアイとイボウミニナ. 南紀生物, 57: 117.

Wada, K., Fukao, R., Kuwamura, T., Nishida, M. & Yanagisawa, Y. (1983) Distribution and growth of the gastropod *Strombus luhuanus* at Shirahama, Japan. Publications of the Seto Marine Biological Laboratory, 28: 417-432.

和田恵次・西平守孝・風呂田利夫・野島　哲・山西良平・西川輝昭・五嶋聖治・鈴木孝男・加藤　真・島村賢正・福田　宏（1996）日本の干潟海岸とそこに生息する底生動物の現状. WWF Japan Science Report, 3: 1-182.

和田恵次・西川知絵（2005）河口域塩性湿地に生息する巻貝フトヘナタリ（腹足綱：フトヘナタリ科）の生息場所利用. 日本ベントス学会誌, 60: 23-29.

和田恵次・大畠麻里・古賀庸憲（2011）和歌川河口域における汽水性希少巻貝ワカウラツボ個体群の変動―2000〜2010 年―. 日本ベントス学会誌, 66: 22-25.

若松あゆみ・冨山清升（2000）北限のマングローブ林周辺干潟におけるウミニナ類分布の季節変化. Venus, 59: 225-243.

Watanabe, H., Fujikura, K., Kinoshita, G., Yamamoto, H. & Okutani, T. (2009) Egg capsule of *Phymorhynchus buccinoides* (Gastropoda: Turridae) in a deep-sea methane seep site in Sagami Bay, Japan. Venus, 67: 181-188.

Wells, F.E. (1983) The Potamididae (Mollusca: Gastropoda) of Hong Kong, with an examination of habitat segregation in a small mangrove system. In B. Morton and D. Dudgeon (eds.), Proceedings of the Second International

Workshop on the Malacofauna of Hong Kong and Southern China, 140-154. Hong Kong University Press, Hong Kong.

Whitlatch, R.B. (1974) Studies on the population ecology of the salt marsh gastropod *Batillaria zonalis*. The Veliger, 17: 47-55.

Whitlatch, R.B. & Obrebski, S. (1980) Feeding selectivity and coexistence in two deposit feeding gastropods. Marine Biology, 58: 219-225.

Xing, Y. & Wada, K. (2002) Temporal and seasonal patterns of the alga *Cladophora conchopheria* on the shell of the intertidal gastropod *Turbo coronatus coreensis*. Publications of the Seto Marine Biological Laboratory, 39: 103-111.

Yamada, M., Wada, K. & Ohno, T. (2003) Observations on the alga *Cladophora conchopheria* on shells of the intertidal gastropod *Turbo coronatus coreensis*. Benthos Research, 58: 1-6.

山口寿之（2002）ヨーロッパフジツボとアメリカフジツボ―外国から日本に侵入したフジツボ類―．外来種ハンドブック（日本生態学会編），p. 182. 地人書館，東京．

山本百合亜・和田恵次（1999）干潟に生息するウミニナ科貝類4種の分布とその要因．南紀生物，41: 15-22.

山室真澄（1996）第6章 感潮域の底生動物．河川感潮域―その自然と変貌．西條八束・奥田節夫（編），pp. 151-172．名古屋大学出版会，名古屋．

吉田健一・冨山清升（2017）鹿児島湾におけるウミニナ *Batillaria multiformis* 集団のサイズ頻度分布季節変動．Nature of Kagoshima, 43: 389-395.

Zaslavskaya, N.I. & Takada, Y. (1998) Allozyme variation and behavioural dimorphism among populations of *Littorina brevicula* (Philippi) from Japan. Hydrobiologia, 309: 151-159.

索引

事項

142

著者紹介

和田恵次 （わだ けいじ）

奈良女子大学名誉教授，理学博士

1950年　和歌山市生まれ
1979年　京都大学大学院理学研究科博士課程単位認定退学
京都大学理学部助手，奈良女子大学助教授・教授を経て2016年退職．現在いであ株式会社大阪支社技術顧問
主著　『原色検索日本海岸動物図鑑II』（分担執筆，保育社，1995），『動物の自然史―現代分類学の多様な展開』（分担執筆，北海道大学図書刊行会，1995），『干潟の自然史　砂と泥に生きる動物たち』（単著，京都大学学術出版会，2000），『海洋ベントスの生態学』（分担執筆，東海大学出版会，2003），『河川汽水域　その環境特性と生態系の保全・再生』（分担執筆，技報堂出版，2008），『干潟の絶滅危惧動物図鑑　海岸ベントスのレッドデータブック』（分担執筆，東海大学出版会，2012），『Treatise on Zoology - Anatomy, Taxonomy, Biology The Crustacea Vol. 9 Part C-1 Decapoda: Brachyura (Part 1)』（分担執筆，Brill NV，2015），『日本のカニ学　川から海岸までの生態研究史』（単著，東海大学出版部，2017），『エビ・カニの疑問50』（分担執筆，成山堂書店，2017）

汽水域に生きる巻貝たち ―その生態研究史と保全

2018年1月30日　第1版第1刷発行

著　者　和田恵次
発行者　橋本敏明
発行所　東海大学出版部
　　　　〒259-1292 神奈川県平塚市北金目4-1-1
　　　　TEL 0463-58-7811　FAX 0463-58-7833
　　　　URL http://www.press.tokai.ac.jp/
　　　　振替　00100-5-46614
印刷所　港北出版印刷株式会社
製本所　誠製本株式会社

Ⓒ Keiji WADA, 2018　　　　　　　　　　ISBN 978-4-486-02167-4